Star
星出版

新觀點
新思維
新眼界

10 Rules
to Fuel Your Life, Work, and Team
with Positive Energy

10條法則全方位啟動人生、工作和團隊的正能量

能量巴士

THE
ENERGY BUS

JON GORDON

強·高登

李芳齡——譯

謹將本書獻給我的母親

南熙・高登・尼可洛西（Nancy Gordon Nicolosi）。

您在罹癌時展現的力量與勇氣將永遠激勵我，

我由衷深愛您。

目錄

能量巴士即將啟動，歡迎上車！

人生總是充滿挑戰，慶幸我們總是能夠透過閱讀這項工具找到解方，為自己的信心加油打氣，充滿新能量！

《能量巴士》在全球銷售超過300萬冊，已有300多萬人搭上這班巴士，正等著你一起出發，獲取10條人生智慧法則，梳理你此刻卡關的生活，就如同書中的主角喬治正碰上工作與家庭的困境，但是透過一班巴士成功走出困境，我相信你也可以。

其中，有幾條智慧法則是我特別心有所感的，分別是——

法則1：你是你的巴士的司機。只有你自己能夠決定你的人生的方向，如果你老是把方向盤交給別人，你將永遠學不會自己起步發動

開車，無法真正學會掌控自己的命運。

法則2：渴望、願景與聚焦，使你的巴士朝往正確方向。前進需要動力燃料，我們內心的渴望、對未來的期待，都能使我們繼續走在正確的道路上。當你擁有明確的願景與目標，你就不會輕易被外界干擾，會更加堅定地朝目標邁進。

法則3：為你的人生旅程注入正能量作為燃料。當沒有動力時，要知道什麼樣的人事物能夠給自己動力。無論是家人的鼓勵、朋友的支持，或是給自己一段安靜的閱讀時間，無論工作多忙碌，留一些時間給自己充電是非常寶貴且重要的。

誠摯地邀請你一起登上巴士學習10條智慧法則，我相信這趟人生旅程擁有這本書，你將玩得意猶未盡。

鄭俊德
閱讀人

翻轉命運的契機，就在這裡

一個充滿活力、正能量的人，以及一個悲觀消極、黯淡無光的人，遇到相同的一件事情，誰的發展結果會比較有利？你的善意，容易引發他人的善意；一個危機，會導致另一個危機。所有的負向循環，都是環環相扣的，我們只要一直保持悲觀消極，這個循環就可以無止境地循環下去。

然而，要扭轉或許只需要一個自我覺察的契機，就像書中的主角喬治因緣際會搭上了一輛能量巴士，與司機的短暫交談，讓他明確覺察到自己瀕臨婚姻和事業的危機，進而開啟了一連串的轉變之旅。

這本書提醒我們，每個人都有自己的難題，即便在光鮮亮麗或滿臉微笑的表象之下，

都有著困難和挑戰等著處理。如果你正面臨某些關卡，或是人生正在尋找某些轉變的契機，我認為這本書一定可以幫得上你。尤其此書具有三大優點：用生動活潑的故事來帶入道理、文字流暢而且幽默風趣、行動計畫具體可行。這些優點大幅減輕了翻轉命運的難度，只要願意，人人都可以！

我很喜歡書中提到的一句話：「絕對不要拒絕將永久改變你人生的東西。」我人生的好運，多半都是因為閱讀而發生的。我深信閱讀是靈魂的混血過程，一旦因閱讀而改變了我們的想法，便會做出不同的選擇、行為，養成不同的習慣，成為不同的一個人。轉變你的能量、翻轉命運，就從閱讀這本書開始吧！

愛瑞克

TMBA 共同創辦人、

《內在成就》系列作者

成就人生、抵達幸福彼岸的關鍵存在

　　很多人都希望做好時間管理，甚至希望把時間管好之後，能夠做更多的事情，提升自己更高的價值。

　　甚至常常有人會問我：怎麼樣才可以把時間擠一擠，讓自己可以再多出一點時間？

　　這時候我就會請他想想看，我們每天早上起床之後的那一個小時，感覺精神奕奕、能量滿滿，似乎可以征服全世界。

　　但是，如果我們辛苦工作，甚至加班一整天之後，回到家裡的那一個小時，身心俱疲、能量低落，被全世界征服得服服貼貼。

　　就算是同樣的一個小時，如果讓我們在清晨一個小時，和夜晚累翻後的一個小時之間，挑選一個讓我們可以高效成事的時間，我相信

大多數的人都會想要選擇清晨的一個小時。畢竟，那個時候的「能量」最高。

所以，我常常告訴自己：「時間沒法管，時間只能留」，要留下具有能量的時間。畢竟，好的能量，才會帶給自己好的想法、好的思維。

就像《與成功有約》作者史蒂芬‧柯維（Stephen R. Covey）說的：「思維決定行動，行動決定習慣，習慣決定品德，品德決定命運。」

如果好的「能量」，才能帶給自己好的思維，最後導引到讓我們能夠達到好的品德和好的命運，那麼能量就是一切本質的泉源。

所以，強大的正能量，從來不只是所謂的心靈雞湯，更是讓我們能夠成就人生、抵達幸福彼岸的關鍵存在。

誠摯推薦這本《能量巴士》，人生的道路上能夠有這本書的溫馨提醒，讓我們安穩地駕駛自己的巴士，載著我們駛向心想事成的地方。

郝旭烈

《郝聲音》Podcast 主持人

每一天，你都可以為自己作出有益的選擇

在我舉辦的許多研討會上，開場時，我會請與會者站起來做兩件事。首先，我請他們把在場的其他人視為不重要的人物，和他們打招呼。現場發出一些竊笑聲後，大家開始乏味呆滯地四處走動，試著漠視彼此。接著，我喊停，請他們接下來仍然向在場的其他人打招呼，但改為猶如遇上久未謀面的朋友般。會議室立刻爆發笑聲，音量提高，大家四處奔跑，微笑，相互擁抱與閒聊。

聽眾坐下後，我問他們：「你們覺得我為什麼要請你們做這兩件事，先別管我來自加州的這個事實？」

聽眾大笑後，我告訴他們，答案是「正能量」。「要運作一個成功的組織」，我說：「你

必須學習管理人們的能量，包括你自身的能量。剛才那兩次的活動，哪一次活動時會議室裡的能量較高？第一次，還是第二次？」

當然，所有人都喊：「第二次！」

「我做了什麼，使會議室裡的能量改變？」，我問。

「我不過是把你們的焦點，從一個負面思想轉向一個正面思想，會議室裡的能量馬上提高為十倍。」

我敘述這些，是為了解釋我為何對強・高登和他的這本著作感到興奮。每一天早晨，你都可以作出選擇：你想當個正面積極的人，還是負面消極的人？正面思考將為你提供活力。

去到工作場所，你可以作出另一個選擇：你可以聚焦、關注人們把事情做對的地方，或是聚焦、關注人們把事情做錯的地方。你認為，這兩種活動，哪一種更能夠激勵人？

如果你想為你的家人、你的職涯發展、你們的團隊與組織注入活力，請花點時間閱讀這本書。強・高登的活力和建議很吸睛，能夠幫助你在所做的每一件事情上挹注正能量，這將

使這個世界因為你而變得更美好。

感謝強鼓勵我們，並確保我們搭上那班對的巴士。

肯・布蘭佳 Ken Blanchard

《一分鐘經理》（*The One Minute Manager*）

合著作者

改變人生、深切影響我的智慧

回顧你的人生，想想看特定事件如何引領你來到現今的處境——舉例來說，我撰寫這本書的靈感泉源，就是滿有趣的事。當時，我正在為我的第一本著作《能量成癮》（*Energy Addict: 101 Ways to Energize Your Life*）進行28個城市的巡迴簽書會，我從丹佛市的一處租車服務停車場搭乘巴士前往機場，巴士司機不僅有我此生見過的最燦爛笑容，還分享了改變人生、深切影響我的智慧。

當時，我正在美國各地演講提倡正能量，而這位巴士司機渾身散發正能量。我在我的電子週報撰寫了一篇文章〈你的人生之旅的10條法則〉（"10 Rules for the Ride of Your Life"），講述我遇到這位巴士司機的經歷，文章引起了

廣大熱烈的迴響，讀者讚美這是我的電子週報創刊以來最棒的一篇文章。

後來，有一天，我散步時，腦海突然浮現了這本書的構思與情節。開始動筆後就欲罷不能，文筆流暢，寫就了你正在閱讀的這本書。

所以，我很榮幸地邀請你搭乘能量巴士，一起來一趟有趣、有意義的短程之旅。我希望你不僅透過這本書為你的生活、工作及團隊注入正能量，也能因此更加享受你的人生之旅；畢竟，人生的目的就是活得朝氣蓬勃、饒富趣味，並且面帶微笑地（盡可能愈遲）抵達終點，因為這意味你真正享受了人生之旅。

我也想在此向下列人士及作品表達感謝，因為他們啟發了這本書的一些思想。

《能量巴士》童書的內容受到《夢幻飛行》（*Illusions*）和《天地一沙鷗》（*Jonathan Livingston Seagull*）的作者李察・巴哈（Richard Bach）的啟發，他說：「若沒有實現的力量，就別許願。」

「正能量公式」是受到「E＋R＝0」這個公式的啟發，這是《成功準則》（*The Success Principles*）的作者傑克・坎菲爾（Jack Canfield）

與我分享的。

　　本書故事中提到的來自能量書的資訊，取自我的著作《10分鐘能量解方》（*The 10-Minute Energy Solution*）。

　　關於林肯總統等待美國內戰戰情報告進來時的情景，靈感來自《從A到A+》（*Good to Great*）一書作者詹姆・柯林斯（Jim Collins）的一段錄音。不過，雖然柯林斯也談到讓合適的人上巴士的重要性，本書的見解純粹是來自我本人。

　　我從蘿莉・白・瓊斯（Laurie Beth Jones）及其著作《耶穌談領導》（*Jesus, CEO*）中學到第九條法則中有關飛機的設計研究。

　　有關心臟能量的研究，取材自心能商數研究中心（HeartMath Institute, www.heartmath.org），這個非營利機構的研究成果既傑出又創新。

　　喬伊的巴士路線編號為11，這是因為11對我來說是一個特別的數字。

　　接下來，我將為你挹注正能量。

強・高登

遭遇考驗是人生常態，學會善用正能量

「正能量」（positive energy）一詞被談論得很多，較常出現在會議室、教室、更衣室，甚至客廳等場所的談話中，這可能是因為有大量新的研究顯示，正面積極的人、正面積極的溝通、正面積極的互動，以及正面積極的工作與團隊文化產生正面的結果。或者，可能是因為在更深的層次上，我們全都知道，每一個人、每一種職業、每一家公司、每一個組織、每一個家庭，以及每一支團隊將必須克服各種負面消極、逆境與挑戰，以定義自己、創造成功。

每個人的人生都會遭遇考驗，我們仰賴正能量來應付這些考驗——不是指像啦啦隊的那種正能量，雖然有些時候與場合的確也需要那種正能量，但我說的「正能量」指的是以樂

觀、信任、熱忱、愛、目的、快樂、熱情與精
神去生活、工作，展現更高層次的水準；建立
與領導成功的團隊；在生活與工作中克服困難
和逆境；用活力感染員工、同事及顧客；幫助
其他人和自己擁有最好的表現；戰勝那些可能
傷害你的健康、家庭、團隊與成就的負面消極
者（我稱為「能量吸血鬼」）和負面情況。

　　正能量的影響是非常真實的，在我與數千
個領導者、銷售人員、團隊、教練、組織、老
師、運動員、母親、父親，甚至孩子合作的
過程中，我目睹了正能量的驚人力量。我看到
學校校長藉由正能量的力量，徹底改變學校，
提振士氣。公司領導人告訴我，他們如何運用
我的策略幫助員工和團隊變得更成功。癌症存
活者告訴我，他們如何以正面積極的態度戰勝
病魔。運動員告訴我，他們如何克服逆境，達
成目標。無數辛勤的員工寫電子郵件告訴我，
他們在工作上獲得的成就與晉升的故事。一位
母親打電話告訴我，她的兒子約書亞在聽聞爸
媽即將離婚後說，他會努力地、堅強且正面積
極地熬過這一切，因為正面積極的人活得比較

久、比較快樂、比較健康。原來，約書亞還記得我一年前在他們學校闡釋正能量重要性的演講。這不僅令我感動，也深受鼓舞。

像約書亞這樣的朋友激勵著我撰著與分享正能量，因為我深知正能量的重要性，我了解它的影響力有多大。我希望你也能在你的日常生活與工作中，使用這本書來持續提醒自己培養、挹注正能量，並且與你的同事、顧客、組織、團隊、朋友和家人分享。我有信心，當你應用本書分享的法則時，你會獲得更多的快樂、更大的成就、更好的表現、更有幹勁的團隊合作，以及更顯著的成果。

雖然本書撰寫的虛構故事發生於職場，但這本書是寫給所有人看的。我們全都是某個團隊的一分子——不論是工作團隊、運動團隊、家庭團隊、教會團隊或學校團隊，每一個團隊成員都能受益於本書分享的10條簡單、但非常給力的法則。如果你留心觀察就會發現，正面積極的人和團隊產生正面的成果，而這其中的關鍵要素就是正能量。

⓵ 爆胎

這天是週一，對喬治來說，週一從來就沒好事。站在家門前的車道上，看著他的車子，喬治無奈地搖搖頭。其實，他並不感到意外，過去幾年，壞運一直追隨他，猶如烏雲般籠罩著他的生活，今天也不例外，他的車子爆胎了。喬治的臉色鐵青、整個人快爆炸了，心想：「不要今天，行嗎！」他打開後車廂，發現備胎也是一個爆胎。

他想起太太的話：「喬治，你應該把那個輪胎修好，哪天車子爆胎了，你才有備胎可用。」

喬治心想：為什麼她總是料事如神呢？他想到鄰居戴夫，趕忙跑過去，看看他是否出門了。戴夫也在市中心工作，喬治希望他還沒有出門，可以搭他的便車。

喬治和他的團隊今天早上有場重要的會議，絕對不能遲到。今天不能出事，今天尤其不能出事！看到戴夫的車子已經不在家了，喬治握緊拳頭空錘了一下，心想：我就知道，他怎麼可能還沒出門呢，壞運的爪牙哪會如此輕輕放過我！

額頭冒汗的喬治跑回家，站在車道上，看著手機，努力想想能否打電話給哪個同事。想了又想，想了又想，突然他意識到，他想不出來能找哪個同事來接他，剩下的唯一選擇是他的太太，但她是喬治最不願意開口求助的對象。

喬治走進屋子，聽到廚房裡尋常的吵雜混亂，小狗到處蹦跳。他的太太努力讓孩子安靜地坐下來吃早餐，吃完早餐，要趕著送他們去學校。他站在廚房的拱門邊望進去，孩子們看到他，立刻歡呼：「嗨，爹地！」女兒跑了過來，雙臂環抱住他的髖部說：「我愛你，爹地」，喬治馬虎地回應了一下。兒子喊道：「爹地，我們現在能玩籃球嗎？」喬治在自家中猶如一個不情不願的名人，他們個個都想瓜分他的一部分，但是他只想安安靜靜地躲起來。

「不行！」，喬治拉高聲音回應。「今天不是週末，我必須工作。請你們兩個現在安靜一下，我有話要跟你們的媽媽說。親愛的，我的車子爆胎了，我今天有場非常重要的會議，我需要用妳的車！」，他急躁地說。

　「備胎呢？」，她問。

　「我就知道妳會問這個，我沒修理。」

　「喔，喬治，我幫不上忙。我得送孩子上學，接著去看牙醫，然後要送小狗給獸醫檢查，接下來還有家長老師會談。還要我繼續說嗎？有事情要做的，可不是只有你一個。你搞得好像你是這個家裡面唯一重要的人，打理這間房子和這個家的人是我，我今天若沒有車子，就做不了我的工作。」她已經很善於築起一道堅固防線來抵禦喬治的入侵。

　「是，但如果這場會議我遲到了，我可能就會丟了飯碗」，喬治說。

　就在喬治和他的太太繼續你來我往之際，他們那隻五個月大的小狗決定向喬治打招呼，不停地跳躍舔舐他，直到喬治抓住牠的項圈，把牠關進籠子裡。「我們當初到底為什麼要養

這隻狗？」他問：「今天事情已經夠多了，現在真的有必要處理狗的事情嗎？」

「你可真好心」，他的太太說。此時，他的女兒開始哭泣說：「爹地不愛山姆！」

「我現在應付不了這個」，喬治說。

「你好像什麼時候都無法應付任何事」，他的太太反擊。

「妳送完小孩上學後，能把我載到公司嗎？」他問：「我也許還趕得上開會。」

「我沒時間，喬治。你剛沒聽到我今天得做那麼多事嗎？送你去公司的話，回程就會遇上嚴重塞車，這樣我一整天就完了。你為什麼不去搭巴士呢？」她說：「走到巴士站只有一英里。」

「搭巴士？妳開什麼玩笑？巴士！我大概有八百年沒搭過巴士了，現在還有誰會搭巴士？！」，喬治非常氣惱地說。

「喔，今天，你就是那個要去搭巴士的人」，他的太太直白地回應。

「好」，喬治邊說邊抓起背包，氣沖沖地急忙出門，開始走那一英里路去巴士站。

11號巴士停在氣喘吁吁、汗流浹背的喬治面前。喬治心想：哇，奇了！我居然趕上巴士了。我以為，運氣這麼背的我會錯過呢！

　　喬治上車時，和司機對了一眼。這個司機兩眼清亮，露出喬治此生見過最燦爛的笑容。

　　「早安，甜心！」，她活潑地打招呼。

　　心情不好的喬治就只是咕噥了一下，然後找座位坐下，心想：安什麼安？

　　但司機的雙眼一直透過後照鏡看著喬治走向座位。喬治感覺得到司機在看他，心想：她幹麼盯著我？我付了車資了啊。

　　喬治能在後照鏡中看到她從未收起的燦爛笑容，他心想：這個女人從不停止微笑的嗎？她知道今天是星期一嗎？誰會在星期一微笑呢？

　　「你要去哪裡？」，她問。

　　喬治指著自己問：「我嗎？」

　　「是啊，你，甜心。我以前沒看過你搭過我的巴士，我認識這條路線上的每一個人。」

　　「上班，NRG公司」，他回答。

　　「啊，就是市中心那棟有大大燈泡的大樓？」，她興奮地問。

「嗯，我們生產燈泡」，喬治回答。他真希望先前有時間去買份報紙，現在就能埋首看報了。

「那麼，今天為何有這榮幸能讓你搭乘我的巴士呢？」，她問。

「車子爆胎了」，他說：「我討厭搭巴士，但是我今天要和我的團隊開會，別無選擇。」

「哎，那你就放輕鬆吧，啥也不用擔心。你可能不喜歡搭巴士，但是我得告訴你，這可不是一般的巴士喔，這是我的巴士，你會喜歡的啦。我是喬伊，你叫什麼名字？」

喬治咕噥地吐出他的名字，希望她就此打住，別再跟他聊了。喬治話不多，脾氣也不好，縱使是在最順心如意的日子，他也不喜歡跟人閒聊，更別提跟一個彷彿喝了過多咖啡的巴士司機交談了。還有，那麼多的名字裡，她偏偏叫「Joy（歡樂）」？喬治心想：還真是人如其名。歡樂是喬治生活中欠缺的東西，他已經記不得自己上次感到快樂是何時的事了。他心想：我猜她一定無憂無慮，只需要天天開巴士，友好地對待陌生人就行了，所以她當然能

夠那麼愉快開朗，對我微笑，但她對我一無所知，不知道我每天承受的壓力，也不知道我在工作上和家裡面對的種種責任——老婆、老闆、小孩、員工、截止日期、房貸、車貸、罹癌的母親，她不知道我有多麼心力交瘁。

其實，喬伊知道。他們天天上下她的巴士，她能夠立刻認出他們。他們有種種的模樣、年齡、膚色、體型：男性、女性、白人、黑人、亞洲人、白領階級、藍領階級，但他們全都擁有相似的活力，她能夠立刻看出和感覺得到——無精打采，步履沒勁，彷彿他們內在的那盞燈熄滅了。她能夠看出誰明亮開朗，誰黯淡無光，她稱後者為黯淡者，他們如同行屍走肉，只是試著一日熬過一日，沒有目的，沒有精神，沒有活力，彷彿他們的精氣神已經被每天的生活例行公事吸乾了。她能夠看出哪些男性已經放棄了他們的夢想，她知道哪些女性白天工作，晚上照料家庭，她總是聽到抱怨，太多人壓力過大，極度疲憊、過勞。所以，她為自己立下使命，她要當個能量大使，努力提振登上她的巴士的每一個人的精神，這也是她

把她的巴士稱為「能量巴士」的原因。喬治正是需要提升能量的那種人。

「喬治，你知道嗎？你會搭乘我的巴士，是有原因的」，她堅定地對他說：「每一個人都有原因。」

喬治直接反駁：「不，我搭妳的巴士，是因為我的車子爆胎了。」

「喬治，你可以選擇那樣看待，或者你可以宏觀看待整體情況。每一件事情發生都有原因，別忘了這一點。我們遇到的每一個人，我們生活中的每一件事，每一次爆胎發生都有原因，你可以選擇忽略，或是思考原因是什麼，然後試著從中學習。就像李察・巴哈說的，每一個問題都帶著一份禮物給你，你可以選擇當作一場災難，或是當作一份禮物，這個選擇將決定你的人生是個成功的故事，或是一齣大型的肥皂劇。喬治，我雖然愛看肥皂劇，但是我不喜歡看到像你這樣的真人過著肥皂劇般的生活。喬治，我得告訴你，從你的外表看來，你並未作出正確的選擇。要明智地選擇啊，喬治，明智地選擇。」

巴士靠站停車後，喬治用他所能最快的速度下車，感覺更像是他被一輛巴士撞了，而不是剛剛搭乘了巴士。「明智地選擇；肥皂劇」這些字眼仍然徘徊在他的腦海中……，他甩了一下頭，心想：哎，不管了，他的團隊正在等著他呢，他討厭遲到。

　　巴士司機喬伊並非總是喜歡對她的乘客如此直戳事實，但是對像喬治這樣執而不化者，她知道別無他法。不過，頑固講不聽的人往往最具有潛力，她知道這一點，因為多年前她就像喬治一樣——消沉、與世界格格不入、疲憊、消極負面。有人想要幫助她，但是她從不接受，她憤世嫉俗，從不認為自己是個值得的人。很諷刺的是，最需要幫助的人，往往是那些最封閉而拒絕接受幫助的人。她當時就像現在的喬治一樣，穿著厚厚的盔甲，因此有時直戳事實是穿透盔甲的唯一之道。喬伊以為她不會再見到喬治了，她希望她的尖銳言詞至少能夠發揮一點正面的作用。

每一件事情發生都有原因。每一個問題都帶著一份禮物給你，你可以選擇當作一場災難，或是當作一份禮物，這個選擇將決定你的人生是個成功的故事，或是一齣大型的肥皂劇。

② 好消息與壞消息

那天傍晚，喬治坐在修車廠等候更換輪胎，花費的時間遠比一般時間要長，所以喬治照例開始焦慮與不耐煩。他不喜歡等待，無論是排隊等待看電影，在車陣中等待，或是在商店排隊等待結帳。他總是選錯等待的隊伍，總是有排在他前面的人拿了一件沒有價格標籤的商品，導致必須呼叫店經理過來，然後去找那項商品的價格……，哎，你知道的，一堆拖延。喬治覺得，這個世界好像串通起來要一起搞他，只是換個輪胎而已，需要花那麼多的時間嗎？

終於，修車師傅輕快地走了進來：「先生，我有好消息和壞消息。好消息是，你的車

子沒有受損，你也安然無恙。」

「你說啥呢！」喬治不耐煩地吼道：「就只是爆胎而已！」

「喔，那是另一個好消息。先生，爆胎導致你無法開車。更換輪胎時，我想起製造商對你這款車型發出的一項通知，所以我直覺地去檢查了煞車片，果不其然，它們完全磨損了，隨時可能失去功能，你可能會無法把車子停下來，要是撞上牆壁什麼的，你就會跟你的輪胎一樣掛掉了。所以說，你現在安然無恙，是很幸運的。先生，你這個年分的這個車款普遍有這個問題，你應該有收到召回通知啊？」

喬治想起來，好像曾經看到車商寄來的一封信？不過，他當時以為又是想要賺他的錢的銷售郵件，就把它扔了。

「壞消息是」，修車師傅繼續說：「從製造商那裡發出的零件，要兩週後才會送到。所以，你的車得留在這裡，收到零件當天，我們就能更換。」

喬治心想：「這下可好了！」，完全沒有意識到他剛剛聽到的好消息，一心只想到他的

車子得留在這裡兩週，以及他現在要怎麼回家。煩！麻煩人生中的又一個麻煩！

③ 漫漫返家路

喬治沒打電話請太太來接他，他決定從修車廠步行約兩英里回家。他今天步行的里數比他幾年間合計的還多，但此時此刻，他不想跟任何人說話，尤其是他的太太。他想著，車子得放在修車廠兩週，還能有比這個更糟糕的事情了嗎？他已經瀕臨崩潰點了。昨天晚上，他太太告訴他，她在這段婚姻中很不快樂，喬治的消極負面心態把整個家搞得烏煙瘴氣、令人痛苦難受。她對他發出了最後通牒：改變，否則就結束。這不是他們的婚姻第一次出現問題，也絕非他太太首次告訴喬治，他的心態負面消極。但現在，情況很嚴重，他不想失去這個他心愛的女人。他知道，她也愛他，但她已經說了，不論她有

多愛他，她不想再和一個把她的生活搞得如此痛苦的人一起過日子了。

喬治發誓作出改變，但這是他人生中首次感到茫然失措，他感覺他的生活失控，但他無法阻止這種失控。他向來能夠解決每一個問題、應付任何挑戰，尤其是在他的婚姻中，但是現在他有著真真確確的無力感，彷彿他的生活是某個他人在過，而他則在一旁眼睜睜地看著它瓦解。那晚，他向天吶喊求助，但是一早醒來後，面對的卻是一個爆胎。他心想：幫幫我吧，怎麼又來了一個我此時此刻最不需要的問題！

喬治加快步伐，希望回到家時，還來得及為孩子們在睡前朗讀一本書，那是他喜歡做的少數幾件事之一，也是孩子們喜愛的。每當他在家中的書房工作時，他們總是會進來說，閱讀書籍的時刻到了！他總是放下手邊的工作，為他們朗讀。兩個孩子是他的動力，他愛他的家庭，希望能夠盡力供養他們，給予他們一切他以往從未能夠獲得的。他們有一個漂亮的家，學區是該州最好的學區之一，孩子們表現

得很好。他和太太開新車，他們盡所能跟上街坊鄰居或任何他們認為應該看齊的對象的生活水平，但是為了建造和維繫這樣的家庭，也帶來了很大的壓力與責任。工作並不是一路都非常一帆風順，他最近的績效評量很差，他的團隊陷入混亂，他們的生產力很差，他被告知：如果不能夠提升的話，他將被替換。這是他人生中首次面對嚴重的飯碗危機。

　　步行回家的路上，喬治想到他的家庭、他太太發出的最後通牒，以及他的工作，他陷入可能失去這一切的危險，而車子的問題則是最後一根稻草。他心想，必須有好事降臨到我身上，不能再繼續這樣，否則我就完了。「我的人生不是一直都是這樣的！」，他對著天上的星星吶喊：「年輕時的我是個很有衝勁的人。大家都說我有很大的潛力，我在公司是個閃閃發亮的明星，前途一片光明，我品嚐生命賜予的果實。但現在，我連一片果肉都摸不到，我受夠了！」他吶喊，抬頭望向月光照耀的天空喊道：「請幫幫我！」

　　天空寂靜無聲，喬治只聽到自己的呼吸

聲。他在等待，等待什麼？一句話？一個聲
音？一道閃電？他也不知道，反正就是在等待
某樣東西。

⦿4 喬治醒來

翌日早晨睡醒後，喬治一如平常那樣感到疲憊、焦慮、壓力沉重。他每天都會想：今天會不會又出什麼問題？不過，他知道，起碼他今天不會有車子的問題。「你今天想要我載你去公司嗎？」他的太太說：「我今天有時間。」

「不用了，沒關係」，他回答：「我搭巴士。除了司機，其實還不賴。」

「司機怎麼了？」

「說來話長，我回頭再跟妳說」，喬治邊說邊穿上球鞋，這樣方便步行去巴士站。然後，他想到即將見到那個羞辱他的巴士司機，心情變得更差。「明智地選擇；肥皂劇」這些話又浮現他的腦海，揮之不去。她知不知道自己是

在對誰說話啊？喬治搖搖頭，把注意力轉向球鞋，因為顯然他無法解開鞋帶，鞋帶被打了差不多有二十個結，不用想也知道，他的孩子又玩他的櫃子了。他把鞋子用力丟向牆壁，氣得嘆了一口氣，不悅地安靜呆坐著。

又一陣安靜。

一分鐘後，他望向櫃子上方鏡子裡的自己，聽到自己發自良知的聲音說：「你啊，巴士司機說的就是你。你的婚姻走向失敗，你即將被炒魷魚，你現在甚至沒有車子可以開去上班，居然連自己的鞋子都穿不上，過著肥皂劇生活的就是你。」

他突然間領悟，他不得不贊同喬伊的話，她說得沒錯。他的生活和工作跌至谷底，就連他的老闆——他最大的支持者暨良師益友——昨天也在辦公室告訴他，他無法再為喬治拍胸脯打包票了。

「我無法再罩你了」，喬治的老闆說。

「我也不想一直被罩」，喬治回應。

「但是我一直這麼做啊。大家問我，喬治怎麼了？我說我不知道，但是他會振作起來

的。可是，他們現在很認真告訴我，他最好振作起來，否則你們兩個都會被炒魷魚。喬治，我把你當兒子般愛你，但是我不能讓你把我也拖下水。我非常努力才爬到現在的位置，我還有孩子在讀大學呢。」

「我會振作起來的」，喬治說。

「我們會看到的。我以前的美式足球教練曾說：『比賽不是光靠嘴巴說的，是靠實力打的。』我希望盡快看到行動，你要是再不振作起來，我們兩個都知道會發生什麼事。」

喬治從未想過會聽到「被炒魷魚」這個字眼套用在自己身上，但是他現在經常聽到同一句話中同時出現這個字眼和他的名字。他心想：我今天就得努力扭轉這種局面，但是要如何做呢？我不知道。

⑤ 喬伊不在巴士上

喬治終於穿好鞋子，在步行到巴士站的路上，他的腦海中浮現巴士司機喬伊和她的笑容。喬治心想：也許，她並不是那麼糟糕的人，畢竟她了解你是哪種人啊，喬治。可是，我真的需要另一個人對我說我的生活有多糟嗎？我已經聽到我的老闆和太太這麼說了，現在就連完全是陌生人的巴士司機也來湊一腳，接下來會來跟我說我是個魯蛇的人會是誰，郵差嗎？

　　喬治抵達巴士站時，時間還滿充裕的。他等候11號巴士，預期很快就會見到司機喬伊。可是，巴士來了，喬伊並不在駕駛座上。今天的司機是個男人，他的臉上當然沒有微笑，也沒有像喬伊那樣愉快地問候乘客。

喬治心想：她怎麼了嗎？想起自己昨天對她那麼沒有禮貌，他感到羞愧，心想：畢竟，她不過是試著展現友好嘛，我的生活跌入谷底，又不是她的錯。今天這趟巴士，沒有交談，沒有微笑，當然也沒有活力。喬治想到，昨天和他的老闆的交談，以及和他的團隊的會議，他知道必須有所改變，而且必須盡快改變。他願意採取行動，雖然不確定要怎麼做，但是他知道必須做些什麼，以挽救他的工作、家庭和婚姻。他心想，今天就開始吧！

⑥ 法則

翌日，喬治比前一天更早到達巴士站。坐在巴士站的長椅上，想起昨天的工作情形，他想作出一些影響，使情況朝往正確方向改變，但一如平常，一個危機導致另一個危機，他和他的團隊幾乎一整天都在應付衝突，忙於滅火，而不是完成工作。喬治思考他們團隊的每一個成員，以及每個成員如何為他帶來問題及麻煩。他心想：「我應該把他們全都開除！」這個想法令他露出一絲微笑，但旋即回歸現實，他知道他根本無法這麼做，其實公司如果開鍘，他會比他們當中任何人更早被開除。再說了，他們並不是糟糕的人，其中幾個還是他招募進來的。喬治心想，他們只是不知怎的迷失了，就像一椿不

和諧的婚姻，你不知道確切原因，但你知道就是有問題。喬治深深沉浸於這些思考，以至於11號巴士到來，他都沒有聽到。抬起頭，他看到駕駛座上的喬伊，喬伊的笑臉令喬治也不禁露出了微笑。

「喲，瞧瞧，這是誰啊！你好嗎，甜心？我以為我不會再見到你了呢。」

「我也這麼以為」，喬治回答。「我昨天也搭巴士，但不是妳開的，妳去哪兒啦？」

「我週二輪休，甜心。每週二，我去照顧我生病的父親，他啥也記不得了，不記得自己的姓名，也不記得他的榮耀和喜樂。你能想像嗎？他連我都不認識了！每星期去見自己的父親，但是他連你是誰都不曉得，實在令人難過啊。」

「我很遺憾」，喬治說。他心生愧疚，因為他沒想到喬伊也有煩惱。哎，不是凡事都如表面所見啊。

「不必感到抱歉，甜心。這是人生的一部分，人人都會遭遇挑戰，搭乘這班巴士的每一個人都有他們的問題，有人遭遇婚姻問題，有人有健康問題，有人有家庭問題，有人有工作

上的問題，有些人則是方方面面都遭遇問題。這就是人生，我不過就是這班巴士上遭遇另一個問題的某人。」

「可是，妳這麼快樂和開朗」，喬治說：「妳如何保持這麼愉快的呢？」

「我就是喜歡這樣，甜心。因為我熱愛生活，因為我愛你，因為我愛我自己。我若不愛你，我如何能愛自己？我若不愛所有人，我如何能愛自己呢？我們全都彼此相連，所以我愛所有人，就算是那些難以去愛的人，我也愛他們。」

喬治心想：例如我？

「是的，例如你，喬治」，喬伊說。她好像會讀心術，看出喬治在想什麼。

「你呢？」，她問：「你為何又再次搭乘我的巴士？上次你跑下巴士的速度比卡爾·路易斯（Carl Lewis）在1984年奧運賽中的短跑速度還快，我以為我們再也不會見面了呢。還能夠再見到你，我很開心，所以，請跟我聊聊吧。」

喬治向她述說關於爆胎、修車廠、煞車片的事情，以及如果他開了那部車，可能會發生車禍，還有他必須搭乘巴士約兩星期。

「喔，那真是太好了！喬治，你將搭乘我的巴士，那很棒啊。就如同我那天說的，你搭乘我的巴士是有理由的，我當時不知道是什麼理由，但是我現在知道了。」

喬治不是很明白，好奇地問她為什麼：「車子得停留在修車廠兩週，這算哪門子的好事，有何棒棒可言？」

「先生，你的腦袋很難敲開喔。不過，我會對你溫柔點啦。喬治，看看那邊，鏡子的右邊，告訴我，你看到什麼？」

「一張布告」，喬治說。

「沒錯，一張布告。上面寫了什麼？」

「你的人生旅程的10條法則」，在這個標題下方列出了10條法則，喬治無法看得很清楚，他沒戴眼鏡，那些字很模糊，字都是手寫的，不是很容易辨讀。

「沒錯，甜心。我所有的長期乘客都在學習這10條法則，我們經常談論，現在我也和你分享。我好興奮！」，她歡欣地說。

「喬治，我們放大一點宏觀來看，這絕對不是什麼巧合。我們要在我的巴士上共處約十

天，而我有人生旅程的10條法則跟你分享。」

喬治在座位上有點侷促不安，「我的生活中已經有夠多的法則了」，他說：「老婆法則，家庭法則，小聯盟法則。我現在最不想要的，就是更多的法則。」

喬伊突然間變得很嚴肅，她的微笑轉變為嚴肅認真地凝視喬治的眼睛，堅定地說：「你需要這些法則，喬治。絕對不要拒絕將永久改變你的人生的東西，你有10天，而我有10條將改變你的人生的法則。喬治，只要你敞開心胸，好事就會朝你而來。開放一點，請敞開心胸。」說完這些，她又恢復燦爛笑容問：「你同意嗎？」她的語氣平靜、堅定，明確透露出不想聽到否定的回答。

「Yes，同意」，喬治回答，不敢相信自己居然說同意。

突然間，整班巴士喝采了起來：「Yes！Yes！Yes！」喬治看向四周，首次發現，原來巴士上還有一群其他常客。

「別被嚇到了」，喬伊說：「每當有一名新的長期乘客同意學習這10條法則時，我們總是

會喊 Yes！我們喜歡這樣，這造就了這班能量巴士。我們全都致力於正能量，這是搭乘這班巴士這麼棒的原因。沒有什麼比『Yes』這個字，更能夠帶來正能量的了。好了，你準備學習第一條法則了嗎？還有五分鐘會到你下車的那站，這條法則學起來很快。」

喬治點點頭，整個人仍處於有點驚嚇的狀態，這一切發展得太快了，他內心五味雜陳。一方面，他想從車窗跳出去，但另一方面，他又非常好奇於學習 10 條法則。反正，他有什麼好損失的呢？他心想：現在的他，已經沒啥可損失的了。

你是你的巴士司機

「法則#1很簡單」，喬伊邊說邊把頭轉向坐在喬治對面的那個男人。那個男人看起來像一個穿著得體的會計師和一個很像愛因斯坦後代的瘋狂科學家的融合體。

「丹尼，請向喬治展示法則#1」，她說。丹尼把手伸進放在他大腿上的一個大型檔案夾，從裡頭抽出一張紙，上頭寫著：

法則#1：
你是你的巴士司機。

喬伊向丹尼說謝謝，接著述說丹尼如何成為10條法則的守護者：「一年前的他，我會稱為一個公司殭屍，行屍走肉，漫無目的、毫無生氣。我想，當時你如果拿著一把大錘子敲他的頭，他都不會注意到」，她大笑。「但現在，他是10條法則的守護者，幫助我們的巴士前行」，她驕傲地說。

喬伊拿起放在她駕駛座旁邊的一個大水瓶，喝了一大口，把注意力轉向喬治。

「永遠記得，你是你的巴士司機，這是所有法則中最重要的一條，因為你若不對自己的人生負責、不操控你的巴士，你就無法把它開向你想去的地方。你若不操控你的巴士，就會總是隨著別人一時興起、說變就變的旅行計畫而變。」

「可是，其他人的支持呢？」，喬治問。

「當然，你可以一路上尋求指引和建議，但是要記住，這是你的巴士，你的旅程。我們全都在彼此的巴士上，但是每一個人都有自己的巴士」，喬伊說：「現在的問題是，人們覺得無法置喙自己的巴士要開往何處，以及要如

何開往那裡。馬提，告訴他們有關於多數人在何時死亡的統計數字」，她看著後照鏡，指示坐在巴士後頭的一位二十多歲年輕人。

馬提穿著一件polo衫和一條卡其褲，面孔年輕，有著一頭蓬亂的金髮。他拿出筆記型電腦，開始在鍵盤上敲敲打打，尋找統計數字。其間，喬伊向喬治講述馬提如何成為他們當中負責做研究的人，他們經常談論有關於生活、事業、成功等等的東西，馬提總是在翌日提出他找到的重要研究，為他們之前談論的主題提供一些資訊。他們稱馬提為「谷歌男」（Google Man），因為對於任何主題，他都能夠找到最佳資訊。「在這裡！」，馬提喊道，他高舉他的筆記型電腦，讓所有人都能看到螢幕。螢幕上寫著：

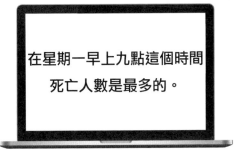

在星期一早上九點這個時間
死亡人數是最多的。

7

你是你的巴士司機

「是不是很驚奇？」，喬伊問喬治。喬治不是很了解這個研究的重要性，因此呆滯沉默著。

「哈囉，喬治，我今天要像一小杯濃縮咖啡般喚醒你」，她發出咯咯笑聲。「週一早上九點，通常是大家開始一週工作的時刻」，喬伊激昂地說：「想想看，喬治，人們寧願死，也不願意去工作。」聽到這裡，巴士上的乘客都笑出聲了。「這聽起來很好笑，但其實很悲哀。人們覺得彷彿沒得選擇，因此放棄了。但是，我現在要告訴你，你可以有所選擇。對吧，各位？」，她號召巴士上的乘客。「你不需要消極被動地坐著，像許多其他不快樂的人那樣，任憑生活塑造他們。你可以操控方向盤，你可以選擇創造你的人生，每次透過一個想法、一個信念、一個行動、一個選擇去創造你的人生。這是你的巴士，你是司機，你選擇你要去哪裡，想要怎樣的旅程。你同意嗎，喬治？」，她問。

「我不知道」，喬治回答。「我覺得，隨著日子一天一天過去，好像生活中的每一個人，包括生活本身，會在你不知不覺中為你作出

愈來愈多的決定，那甚至已經不再是你的人生了。政府告訴我，我必須繳多少稅。老闆告訴我，我必須完成什麼工作。在家裡，我的太太對我發號施令。我感覺被我的薪水和責任義務給束縛，所以對於妳的提問，我的回答是『不』，我真的不覺得我可以有所選擇。實情是，我不是每天都朝氣蓬勃、覺得活著很有意義，我覺得我每天都快死了，我可能會是那些在週一早上九點死亡的人之一」，喬治說。

「這沒什麼可能或不可能的」，喬伊回應：「如果你繼續走這條『可憐的我』的道路，你就是走上了週一早上九點的死亡之路。所以，喬治，你現在要做的就是操控方向盤，改變方向。你過去可能不覺得你能有所選擇，但是從現在起，你將會發現，這是你擁有的最大權利，一旦你索回你的權利，一切都將開始改變。我說『一切』，是認真的。喬治，沒有人能夠選擇你的態度，只有你能，除了你自己，任何人都無法為你選擇你的能量。現在就對我微笑吧，甜心。」喬治一動也不動，喬伊說：「我可不是在請求你喔，喬治，現在就微笑！」

喬治露出微笑，他知道，他不想惹惱眼前這個女人。

「瞧，喬治，你選擇微笑，光是做這件事，你就選擇了你的能量。一個微笑改變你的感覺，改變你的思維，改變你和他人互動的方式。你要為你的人生之旅注入什麼樣的能量，這完全取決於你。身為司機，你也必須選擇你想去到哪裡的願景。你是司機，擁有最好的座位，對你的人生有最好的視野，因此一切取決於你。你必須擁有願景，所以我要問你，你知道你想去哪裡嗎，喬治？」

喬治坐直身子，望向窗外，注意到他們距離抵達他的辦公大樓只剩下大約一英里了。他不知道他想去往何處，只知道他不想再繼續待在現在的處境了。

其實，在喬治還沒想到這些之前，喬伊就已經知道了。一個擁有願景的人，會有特定的眼神，步履有特定的模樣，你可以從他的走路姿態，看出他知道自己要前往哪裡，以及為什麼要前往那裡，喬治走路的姿態不是那樣。「我知道我們快到你的辦公大樓了」，喬伊說：

「但是，我想要你在下車前閱讀一本書，就是它激發我把這輛車取名為『能量巴士』。」她把手伸進駕駛座旁她的包包裡，拿出一本童書，封面是一張巴士繪圖，加上「能量巴士」這幾個字。

「這是一本童書」，喬治說，語氣和表情都很失望，他不明白喬伊為何要他現在閱讀一本童書。

「我知道，這是我喜歡它的原因。人生其實滿簡單的，但是我們的種種想法和作為把它搞複雜了，變得看不見人生的簡單真理。其實，生活中最簡單的教訓，往往是最深切、最有意義的，所以別瞧不起一本童書或我跟你分享的簡單法則，因為你這輩子所能獲得的最重要領悟之一就是：當你愈接近真理，教訓就變得愈簡單、愈深切。是的，法則本身很簡單，但是你會發現，它們的含義深廣。所以，閱讀一下這本書，喬治，看看這本書。」

雖然感覺有點尷尬，喬治開始閱讀，並且立刻進入他在家中為孩子閱讀書籍時的心境。

這是你的能量巴士，
你是司機。
你知道你可以把你的巴士開往你想去的任
何地方嗎？
請 跟 著 我 說「Yes」三 次。Yes，yes，
yes。
你可以把它開到電影院、海灘或北極，
只要說你想去哪裡，並且相信它會前往
那裡。
因為每一趟旅程和車程，都始於想去某
處、想做某件事的渴望；擁有一個渴望，
你就擁有實現它的力量。

巴士停了下來，喬伊轉向喬治說：「所
以，喬治，你想去哪裡？你的願景是什麼？」
她邊問邊交給喬治一張紙：「一旦你知道了你
的願景，所有其他的法則就會清清楚楚的了。」

喬治坐在他的辦公桌前，看著喬伊給他的
這張紙。

這張紙上是喬伊給他的指示：**首先，決定
你想要什麼，然後你可以開始創造。別讓這個
世界塑造你，你得打造你的世界。**完成下列問
題，我們明天在巴士上討論一下。

這張紙上有三個問題，並且分別留有空

間，讓喬治可以寫下每個問題的答案。

1. 我對我的生活（包括我的健康）的願景是：

2. 我對我的工作、職涯發展、職務及團隊的
　　願景是：

3. 我對我的人際關係及家庭的願景是：

你要為你的人生之旅注入什麼樣的能量，
這完全取決於你。身為司機，你也必須
選擇你想去到哪裡的願景。你是司機，
擁有最好的座位，對你的人生有最好的
視野，因此一切取決於你。

⑧ 一切都跟能量有關

翌日早晨，11號巴士停靠在喬治候車的那個巴士站時，他看到一個男人下車，轉頭喊道：「妳瘋了，小姐！」

「喔，是嗎？」，喬伊回應喊道：「等你準備在我的巴士上學點東西時，讓我知道啊。」

「怎麼回事？」，喬治邊入坐他平時坐的位子，邊問道。

「他相信我們這個時代最大的一個錯覺」，喬伊回答：「比『世界是平的』或『太陽由東向西轉』還要大的錯覺。」

「錯覺？」，喬治停頓了一下：「什麼錯覺？」

「那個錯覺就是我們生活在一個物質世界」，她以大學教授的那種自信說：「你知道嗎？喬治，宇宙是能量構成的，這是愛因斯坦

教我們的。」

丹尼用手舉起一張紙，「瞧，喬治，E＝MC²」，他說。

喬伊繼續說：「愛因斯坦教我們，任何物質的東西都是能量，因此我們看到的所有實體的東西，甚至我們自己的身體，實際上都是能量構成的。所以，我們生活在一個能量宇宙，我們的一切都跟能量有關。但你不需要深度的科學知識，才能了解生活全部都跟能量有關。你只需要去思考你自己的人生，思考哪些人提升了你的能量、哪些人消耗了你的能量，思考你吃的哪些食物提振了你的精神、你吃了哪些食物後想要打盹，思考工作上的哪些專案令你幹勁十足、哪些專案令你沒熱情沒活力。所有東西都是能量，能量存在於我們的思想、我們說的話、我們聽的音樂、我們相處的人。你懂我的意思嗎，喬治？」

「我懂」，喬治回答。他正在思考，他想不起最近一次在工作上有什麼激發他的幹勁。

「看電視轉播職業美式足球賽或籃球賽時」，喬伊繼續說道：「我們總是會聽到球評

講解談到球隊的活力、某個球員的活力，或是球迷的活力。進入任何比賽場地或體育館，你可以感覺到群眾的活力，就好像空氣中存在電力。教練經常談到他們的球員如何齊心協力，或是球隊如何像一盤散沙。他們會說類似這樣的話：『我們今晚的能量很強，電力飽滿，渾身是勁。』喬治，一切都跟能量有關。你可曾與這樣的同事共事過，就是你們兩個都知道彼此接下來要說什麼，或是你們兩個異口同聲？」

「當然」，喬治回答：「經常有。」

「你的太太曾經讀懂你的心思嗎？」

「太常啦」，他說，露出尷尬的微笑。

「那就是思想的能量」，喬伊說。「我們的思想力量強大，因為它們載滿能量。所以，我才會請你寫下你對生活、工作和家庭的願景」，她說：「思想有能量。當你辨識出你的渴望，並寫下你的願景時，你就展開了動員能量打造你想要的人生的過程。畢竟，如果你沒有想去往何處的願景，你就無法前往那裡。這就好比在沒有房屋模樣的藍圖與規劃之下，試著建造房屋。或者，這就好比我在不知道目的

8
一切都跟能量有關

地的情況下駕駛這輛巴士。所以，喬治，請告訴我，你有願景。告訴我，你想去哪裡。我希望你在我給你的那張紙上寫下來。」

⑨ 喬治分享他的願景

喬治其實是有願景的，幾個願景，他已經把它們寫下來了。他從公事包拿出那張紙，向喬伊解釋。起初，思考這些有點難，因為他已經太久沒去想過自己想要什麼了。他告訴喬伊：「我的生活中有太多時間，都是根據別人的需求而活，以至於去思考自己想要什麼時，感覺滿奇怪的。但是開始之後，我覺得，思考自己的人生想要什麼，感覺真好。」

喬伊點點頭，用她那雙發光的眼睛和燦爛的笑容給予喬治肯定：「繼續說，喬治，請繼續。」

他告訴她有關於他的個人生活的願景，他在大學時代是個優秀的袋棍球運動員，他想恢復好身材，消除他的大啤酒肚。他說，在思

考他的願景時，他想起過去曾經很快樂、有活力的自己，他想要再度重拾那種感覺。他告訴喬伊，他也想成為更好的父親和更好的丈夫：「我希望二十年後，我的孩子回憶時，認為我對他們的人生有快樂、正面的影響。但是，現在的情形不是這樣，所以我知道必須作出改變。」

「你太太呢？」，喬伊問：「你在這方面的願景是什麼？」

「我希望繼續維持我們的婚姻」，他說：「我的願景是，我們倆再像以前那樣一起歡笑，回憶當初我們為何愛上彼此。」

「喔，你真浪漫啊」，喬伊揶揄他。她知道喬治有副好心腸，頭一次看到他走上她的巴士的那刻，她就喜歡這個人了。她知道，在所有烏雲的背後，隱藏著一道想要穿雲而出的光。現在，他和她分享了願景，她很高興看到那道光正在突破烏雲。

可是，現在有些臉紅困窘的喬治，一點也不感覺浪漫。相反地，他被可能失去婚姻嚇壞了，他向喬伊解釋情況，希望情況能夠有所反轉。

「會改善的」，喬伊向他保證，但是喬治沒

能量巴士
The Energy Bus

076

有她那份信心。

「你就相信」，她冷靜地說：「相信。」

接著，她談到工作這個主題，以及他想在NRG公司成功的願景。喬治向喬伊述說，他和他的產品行銷團隊即將推出名為「NRG-2000」的新燈泡，這是重大的新產品問世：「如果上市後不順利的話，我就完了，我的事業也就結束了。所以，我的願景是設法使我的團隊齊心協力，非常努力地一起創造一次成功的產品上市。」

「用1到10分來評分的話，你認為你們為這次產品問世所做的準備就緒程度是多少分？」，喬伊問。

「大概2分」，喬治回答：「我們做得很亂、動機低落，坦白說，就是一團糟。」

「這很不妙啊，老兄」，坐在後面的馬提喊道。

「對呀，非常不妙」，喬治回答，他希望坐在後面的那個傢伙安靜。

喬伊說：「是，是很不妙，喬治，但不代表沒救。在我的巴士上，我們也不是沒遭遇過危機。」

她從後照鏡看馬提，「馬提，別忘了你的復健，還有丹尼心臟病發作的事。讓一切徹底扭轉的是你想要改變的渴望和願景，以及你聚焦如何實現。不幸的是，有太多人需要遭遇到危機，才會作出改變」，她說：「我不知道為什麼會這樣，但是我希望有更多人不會需要等到一切都分崩離析了，才開始思考自己的人生和自己想要什麼。其實，他們根本就不需要等待，但有時候就是會這樣，這就是代價。我們有時需要看到自己不想要什麼，才會知道自己想要什麼。」

　　在喬伊說這些時，喬治想到自己罹癌的母親，以及母親告訴他，她存活下來想要作出的種種改變。想到這些，他非常懂喬伊在說什麼。

　　「所以，沒錯，喬治」，喬伊繼續說道：「這是你的危機，但也是你的轉機。每一次的危機，往往提供變得更強大、更有智慧的機會，讓你有機會可以更深入內在，發掘一個更好的自己，創造出更好的成果。因此，這雖然是你的危機，最要緊的是你如何面對。好了，

現在你知道你想去哪裡了，你知道你的渴望和願景了，那你可以學習第二條法則了。」

每一次的危機，往往提供變得更強大、
更有智慧的機會，讓你有機會可以更深
入內在，發掘一個更好的自己，創造出
更好的成果。

⑩ 聚焦

丹尼從檔案夾中抽出一張紙，上頭寫著：

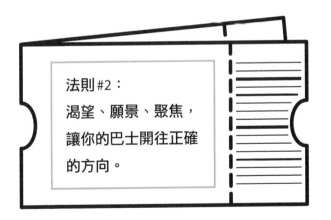

法則#2：
渴望、願景、聚焦，
讓你的巴士開往正確的方向。

喬伊轉頭看著喬治說：「喬治，一切都要靠聚焦，不聚焦的話，蓋不起樓房，作不出畫，能

量分散四處。你已經告訴我們你想要什麼了，你跟我們分享了你的願景，現在我想要幫助你把願景化為現實，這一切都得從思維開始。」

「我的想法如何改善我的工作和婚姻呢？」，喬治懷疑問道。

「我們之前談過的思想的能量」，喬伊很自信地回答：「我希望你每天用10分鐘聚焦於你的願景，親眼看著自己創造你在那張紙上寫下的每樣東西。喬治，有一個能量定律。」

「叫作『吸引力法則』！」，坐在後面的馬提喊道。

「對，吸引力法則」，喬伊繼續解釋：「這個法則指的是，當我們愈聚焦於某件事，我們就會愈加思考，它就會更常出現在我們的生活中。例如，我猜，你每次買了一部新車之後，就會開始經常在路上看到這個車款。」

喬治點點頭，確實是這樣。

「有沒想過為何會這樣？」，喬伊問。但還沒等喬治回答，她就說：「因為思想就像磁鐵，有吸引力。我們想什麼，就會吸引什麼。我們想的東西會擴大、成長。我們把能量和注

意力投入在什麼東西上，這樣東西就會開始更常出現在我們的生活中。我們透過自身的思想散發出來的能量，就是我們接收到的能量。」

馬提說：「很多人說，他們有過這樣的經驗，就是剛想到某個朋友或親戚，就接到他們打來的電話，就是這個原因。這種現象其實有一個科學名稱，叫作『電話心電感應』（telephone telepathy）」，他驕傲地分享，展示自己在電腦上查到的相關研究。

喬伊繼續說道：「思想具有能量，所以你必須花時間思考你想要什麼，而不是思考你不想要什麼，你必須聚焦。喬治，你認識那種總是一直抱怨的人嗎？他們也是聚焦，但是聚焦在他們不想要什麼、不喜歡什麼、沒有什麼上面。」

「當然，我認識這樣的人」，喬治回答，並且想到自己就是這樣的人。

「嗯，我告訴這些人，當你抱怨時，你就會招來更多可以抱怨的事。所以，別再抱怨和負面消極了，好嗎，喬治？我不允許在我的巴士上抱怨，因為抱怨時，你就無法思考或創造你想要的。而且，你的抱怨也會搞壞車上其他

人的心情。」

喬伊繼續說道：「我以前開校車時，經常對校車上的孩子說一句話，現在我也對我的成年乘客說這句話，因為他們往往比小孩子更需要聽到這句話。這句話就是：『我們是勝利者，不是抱怨者。（We're Winners, not Whiners.）』」聽到這句話，巴士上的常客爆出笑聲，大家開始有節奏地反覆喊道：「我們是勝利者，不是抱怨者。我們是勝利者，不是抱怨者。」

「所以，我希望你別再去想你不想要什麼，開始把你的能量聚焦於你的願景和你想要的。懂嗎，喬治？」，喬伊問。

「你愈是去看，就愈可能發生」，馬提邊說邊從後面走向前面的喬治，向他展示有關於想像和奧運選手的研究。「奧運選手全都這麼應用，因為有太多研究顯示這招管用」，馬提說：「每一位贏得奧運金牌的選手，都用視覺化來想像過他們表現得最好的情景。所以，我們為何不也使用這個法子來創造出色的人生和一番成就呢？」馬提比誰都了解這一點，他一

直都沒遇上好運，直到喬伊教他藉由散發好運的能量來創造自己的好運。他是個涉足網際網路事業的飆網族，他賣掉先前的創業獲得了幾百萬美元，不久前剛創立了一家新公司。現在，他只預期好運，而這就是他獲得的。

喬伊歡欣地喊道：「我們生活在一個夢想的能量場！如果你在心中打造好，聚焦看著它，採取行動，成功將會到來。」

他們的這些話，促使喬治認真思考。他的生活正在分崩離析，這或許是因為他的負面消極，因為他的太太也這麼告訴過他很多次了。他想到在工作上和家裡的自己，看出自己總是抱怨，但是他懷疑，現在來改變這些想法，真的能夠發生如此的改變嗎？聚焦於他的願景，真的能夠幫助吸引它實現嗎？他曾經是運動員，以前也聽過運動員用想像／視覺化的技巧，但那是運動，這是生活。很多的消極負面和問題，其實已經累積了很長的一段時間，而且是經過了好一段期間，才來到了現在的危機。他懷疑地心想：「夢想的能量場？呵，想得美。我已經堆積了一大堆亂七八糟的東西，

真的能夠那麼容易扭轉嗎？」可是，另一方面，他也沒有理由不去嘗試啊。到了現在這個地步，為了挽救他的工作和婚姻，他什麼都願意試試。下週五，NRG-2000 就要預備上市了，這是一個夢想時刻，因為除此之外，他什麼也沒有。

⑪ 正能量的力量

「OK，我上了巴士」，喬治說：「我訂定了我的方向，我的願景很好。但是，我得告訴妳，當你不是有很多事情可以正面、樂觀看待，當總是有你不想要的事情落到你身上時，真的不是那麼容易去聚焦思考你想要什麼，並且保持正面。妳不知道我現在在工作上應付的衝擊，妳不知道我現在面臨的挑戰，我碰上了很多麻煩與阻礙。」

喬伊回答：「你說得沒錯，喬治。我不知道你現在面臨的種種，但是我知道，如果你想要改變你的現況，首先你必須改變你的想法。因為如果你繼續抱持你一直以來的思維，就會繼續得到你一直以來得到的。我也知道一個特別的公式，我想和你分享這條公式。丹尼，請

拿給他看。」丹尼從他的公事包中取出一張紙大小的硬紙板，喬治心想：丹尼的公事包裡到底有多少的標語牌啊？！丹尼把那張硬紙板舉高，上面寫著：

$$E + P = O$$

丹尼解釋：「E代表你生活中的事件，P代表看法，O代表結果。我們無法掌控生活中發生的事件，但是我們可以掌控要如何看待它們，我們對事件的看法和反應決定了我們的結果。」

「P也可以代表正能量」，喬伊說：「這條公式說明了為何正能量如此重要。沒錯，你有你想在人生中創造什麼的願景，但是總會有人不認同你的願景，人生路上總難免會有坑坑洞洞及路障可能阻礙你的旅程。喬治，不如意事，十常八九，例如你的車子爆胎，重點在於

我們選擇如何面對處理生活中的事件。我們全都會有不如意的時候，關鍵是我們如何做，去把生活扭轉過來。就像我之前告訴你的，明智地選擇。正能量和正面積極的人創造正面的結果，這個世上的確有很多的負面，選擇正能量可以幫助我們應付那些可能把我們推離軌道的負面消極的人和負面情況。」

　　「正能量幫助巴士有動能繼續前進，我們談的不是那種拍胸脯式虛張聲勢的正能量，那是假的正能量，只是在掩飾我們的負面心態，假得有點惱人。不，我說的不是那個，這是很嚴肅、認真的事，我們在談的是幫助你克服障礙與挑戰以創造成功的正能量，真實有效的正能量。我們談的是信任、信念、熱情、目的、樂趣、快樂，我們談的是激勵與領導他人的正能量，我們談的是使你感覺很棒的正能量，而非耗弱你的負能量。先生，這是很重要的東西，這是人生和法則#3的關鍵。丹尼，請拿給他看。」

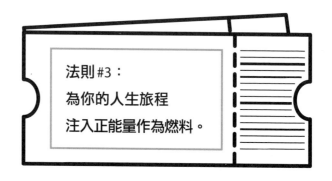

法則 #3：
為你的人生旅程
注入正能量作為燃料。

　　「喬治，這樣想吧！」，喬伊繼續說道：「渴望、願景、聚焦，幫助你把巴士開往正確的方向，但是你需要正能量，才能把你帶往你想去的地方。每一天，當我們檢視我們的生活加油槍時，我們可以選擇正能量或負能量。正能量是你的人生旅程的高辛烷值燃料，負能量導致你的能量管路累積油泥。」

　　喬治問：「可是，我要怎麼處理我已經有的負面心態呢？」

　　喬伊指著垃圾桶說：「那裡，喬治，就讓它去吧，放開它，丟掉它，改變想法。當你的辦公桌上堆滿工作時，這麼想吧：『這麼多人失業了，我還有工作，多麼幸運呀！』當你塞在車陣中時，感恩你能夠開車，反觀世界上有

那麼多人為了取得乾淨的水，必須跋涉數十英里呢！當餐廳讓你這餐吃得不愉快時，轉念想想世界上有多少挨餓的人。多年前，我的父親失去他此生摯愛——我的母親——時，我告訴他：『你那麼多年擁有的那種愛，是許多人窮其一生尋覓追求、但都找不到的，我們感恩這個吧。』」

喬伊補充一句：「有負面，就有正面。有烏雲，背後就有陽光。」

「所以，妳是說，如果我想要成功，就必須不斷地對我的生活注入正能量作為燃料？」，喬治問。

喬伊回答：「我不只是說喔，我是用喊的！我發現，只要有縫隙，負面很容易鑽進去填補，所以我們必須持續添加正能量，別讓負能量有滲透擴大的空間。我們必須天天添加正面思想，培養正面感覺，採取正面行動。正能量就是所有這些事，沒有正能量，你的旅程將會熄火。」

「那麼，我的工作團隊呢？」，喬治問。

「一樣」，喬伊回答：「你必須敦促他們同

樣聚焦和保持正面。你得讓他們了解，並成為你的願景的一分子，你得讓他們搭上同一輛巴士。我會提供你一些法則，幫助他們獲致成功，但是我們還沒有到那一步。首先，我們得幫助你添加正能量，因為如果你自己沒有正能量，你就無法分享正能量。一旦你讓你的巴士啟動了，你就能夠請你的團隊上車。一次走一英里，先生，一次一個正面思想、感覺和行動，我們很快就會談到你的團隊了。」

當巴士快到喬治下車的那一站之前，喬伊請馬提取出她所謂的「能量書」，為他朗讀一個有關於正面的狗的故事。馬提拿起放在他身旁的那本書，開始朗讀。

> 一個男人前往一座村莊拜訪一位智者，他對智者說：「我感覺我內心好像有兩隻狗，一隻正面積極、有愛心、仁慈又溫和，另一隻是憤怒、氣量小、負面的狗，這兩隻狗經常相鬥，我不知道哪隻狗會贏。」智者思考了一下說：「我知道哪一隻會贏，是你最常餵食的那隻狗，所以請餵食那隻正面的狗。」

「謝謝你，馬提」，喬伊邊說邊示意他把那本書交給喬治。

「我不能收」，喬治說：「這是你的書。」

「不，這是給你的」，馬提說：「我們經常在巴士上發送這本書。所以，請把它當成一份能量禮物吧。為了避免你在人生的河流中一直逆游，這本書將幫助你乘著一些很棒的能量波浪。」

「沒錯」，喬伊說：「這本書將幫助你採取行動，餵食你內心那隻正面的狗，使你能夠培養成功所需的正能量。很簡單，只需要做書中的10分鐘練習，隨便你挑選其中一項練習，今天只需要做一項，你就會感覺你的能量提升。」

「好的」，喬治說：「我準備採取行動了。」

喬治下車，朝著他的辦公大樓走去時，喬伊喊道：「餵食正面的狗，喬治！餵食正面的狗！」

喬治回頭，握緊拳頭揮了一下，走向大樓，但旋即他又想到，他正走向他的前途再負面不過的那棟大樓。

11

正能量的力量

E＋P＝O
有負面，就有正面。
有烏雲，背後就有陽光。
餵食你內心那隻正面的狗。

⑫ 喬治散步

喬治坐在辦公桌前，翻閱馬提給他的那本書，尋找一個他喜歡的正能量練習。他想到了他的老友恰克，恰克在網際網路榮景時期發了財。喬治想起，當他聽聞恰克和他的太太離婚時，他有多震驚。他心想，從外表看來，恰克似乎擁有一切——財富、家庭、大房子，一堆公司想要延攬恰克掌舵，但是他領悟到，一切並非總是如同外表所見。喬治發現，恰克其實有很多個人問題，這些問題產生外溢影響，損及他生活的其他部分。喬治認真想了想，他發現，他不記得恰克何時快樂過。

想到恰克，使喬治更加領悟到，他不想走上相同的路。也許，外人也認為他們擁有一

切。喬治心想，他們根本不知道實情。光有外表並不夠，表象已經不管用了，他想要真正的感覺很好，所以當他翻閱到能量書中的「感恩散步」（Thank-You Walk）這項練習時，他臉上浮現了燦爛笑容。他讀到練習中所述——你不可能同時既感到緊張壓力，又覺得感激，他立馬走出辦公大樓，在外頭走來走去，邊走邊述說他感激什麼。

他知道，如果同事看到他這樣自言自語，大概會認為他瘋了，但是他不在意。這的確有點滑稽，但是散步讓他提振精神，細數自己的福氣，這真的令他感覺很好。那本能量書說，感恩使得身體和腦部充滿正向腦內啡與情緒，再結合散步，是強大的能量提升劑。果然沒錯！當喬治走回辦公大樓時，感覺更正面、更有活力，準備好面對一天的工作挑戰了。他心想，喬伊說得沒錯，餵食那隻正面的狗，的確令人感覺很好。嘿，要是我能夠餵食工作上遇到的那些獅子，我就穩當啦。他竊笑著走進辦公室，和他的團隊開會，商討新產品的上市準備工作。

⑬ 漂亮揮桿理論

那天晚上，看電視時，因為受到激勵，喬治抓過他的包包，拿出馬提給他的那本能量書。在翻閱的過程中，有一段吸引了他的注意。那段的內容是關於高爾夫球，這是他喜愛、但鮮有時間從事的一種運動。內容提到，人們在打了一回合高爾夫球後，通常不會去想他們當天作出的糟糕揮桿，但總是記得並聚焦於當天擊出的一記漂亮揮桿。想到這記漂亮揮桿時的想法與感覺令他們想要一玩再玩，這也是許多人對高爾夫球上癮的原因。書中內容接著把這相比於生活，人們在睡前往往想著種種糟糕、出錯的事情，其實應該把「漂亮揮桿理論」應用在生活中，想著當天發生的某一件好事。一通愉快的電話、

一場很棒的會議、一筆很棒的交易、一次很好的談話或互動、一項令人喝彩的成就⋯⋯將激勵他們期待明天再創造出更多的成果與好事。那本書說，這將激發人們對生活上癮。

嗯，這些內容的確奏效，因為喬治受到啟發了。他心生一個想法，走進孩子的臥室，請兩個孩子分別講述他們當天的成功。他向他們說明，可以是當天他們經歷過的很棒的事，或是他們引以為傲的事。兩個孩子很開心地笑著回憶他們當天的成功，喬治知道，這將成為他們每晚的新習慣。

然後，他到附近遛狗，回想自己今天的成功。他的老闆過來跟他說：「喬治，你有點改變。不論你做了什麼，請繼續努力。」喬治心想：正能量的功效真奇妙，你有、或沒有正能量，人們都會注意到。

那晚稍後，躺在床上，喬治考慮和他的團隊分享「漂亮揮桿理論」，因為如果這世界上有哪群人需要學習更聚焦於正面、而非負面，那鐵定是他們了。

漂亮揮桿理論。
一通愉快的電話、一場很棒的會議、一筆很棒的交易、一次很好的談話或互動、一項令人喝彩的成就……期待明天再創造出更多的成果與好事。

⑭ 巴士車票

這天是星期五，人人都愛星期五，今天，喬治比以往更愛星期五。他今天輕快地跳上11號巴士，就像變了個人似的。

「你中了什麼邪嗎？甜心」，喬伊露出燦爛笑容問道。

「我也不知道，我猜，可能是我在來巴士站的路上做了『感恩散步』吧」，喬治說：「我昨天在公司也做了一次練習，昨天晚上還做了一次『成功散步』。好像真的有用耶！」

「我就跟你說了嘛，喬治，沒有什麼比餵食正面的狗更有用的了。不過，聽好了，我有一件很重要的事情要告訴你。我和我們這個團隊討論過了，我們決定幫助你在新燈泡問世的這

件事情上成功。你已經讓正能量流通了，可以和你的團隊分享，這是很有益的事，因為如果你希望新產品上市成功，你會需要你的團隊搭上你的巴士。喬治，這就是法則 #4 了。丹尼，請拿給他看。」丹尼拿出一張紙，上面寫著：

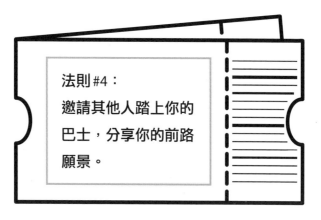

法則 #4：
邀請其他人踏上你的巴士，分享你的前路願景。

「喬治，記住，你是巴士的司機」，喬伊說：「但是，在你駕駛巴士時，你要持續邀請其他人上車。最糟的情況不過就是他們拒絕上車，但如果你不開口問，他們不會知道，自然就沒有人上車。你一路上載了愈多人，你的旅程就會創造出更多的能量。你的目標是：最終巴士上的座位都坐滿了，只剩下站位。不過，由於這是一輛能量巴士，總是會持續擴展，所

以你總是能夠加入更多人。現在你已經知道了，喬治，你必須邀請你的團隊搭上你的巴士，否則你將會獨自推動產品的問世，而你無法單獨做到這件事，你需要團隊一起做。你懂我的意思嗎？」

「我懂」，喬治回答，想到他的團隊紊亂無章。他知道，新產品上市的工作太多了，他一個人做不來。他也知道，唯有一支有組織、有活力、有幹勁的團隊，才能夠成功地把新產品推上市熱賣，但是他不知道要如何做到這件事。「妳有什麼好主意嗎？」，他問。

「喔喔，我們得到車票了嗎？喬治。我們得到車票了耶！」，喬伊邊說，邊從她的水壺灌了一大口水。

「需要我向他解釋嗎？」，一位個兒嬌小、頭髮半棕半灰白的女士禮貌地說。她端正地坐在她的位子上。

「好呀！」，喬伊回答：「不過，先讓我向喬治介紹妳。」喬伊解釋，珍妮絲是當地一所學校的老師，她在任教的學校和其他老師與學生分享能量巴士法則已經有好一段時間了，而

且非常成功，因為太成功了，所以她推出一個
網站：www.theenergybus.com，和全世界分享
這些法則，期望人人都能從中受益。

「你相信嗎？喬治！」，喬伊興奮地喊著：
「我們現在走向全世界啦，珍妮絲把我們的訊
息傳播給世界各地的人。」

「這確實很令人興奮」，珍妮絲羞怯地加入
談話：「因為喬伊解釋了必須和支持自己又正向
積極的人建立團隊的重要性，所以我決定在網
站上添加一個功能，讓像你和我這樣的人可以
透過電子郵件發出一張電子巴士車票，邀請朋
友、同事、主管、家人或任何人可以搭乘他們
的巴士。如果你想要面對面親自邀請他們，也
可以透過網站列印出車票，把車票交給他們。」

「這是不是很棒，喬治？」，喬伊邊向喬治
說，邊向珍妮絲比讚。

珍妮絲說道：「喔，我差點忘了！這個網
站也可以讓你撰寫訊息，說明你的願景和目
標，連同電子巴士車票一起透過電子郵件發
送。所以，喬治，當你發送你的電子巴士車票
給你的團隊時，你可以告訴他們：『這是我對

我們團隊，以及我們的新產品上市的願景。我的巴士將開往何處，我想邀請你們上車。』在學校，當我們展開新方案時，經常會這麼做。校長發出電子巴士車票給所有老師，邀請他們一起搭上她的巴士。這很有趣，但更重要的是，這很有效。」

「這就是我說的！」，喬伊說道，顯得更加興奮：「想讓別人搭上你的巴士，最好的方法就是告訴他們你將去哪裡，並且邀請他們上車。但是，喬治，切記，你必須和他們分享你的願景，你必須清楚說明你期望的新產品上市將是什麼情形，以及你期望團隊如何合作，減少內鬥和無謂自負的阻礙。你要告訴他們，你期望所有人為了團隊達到出色的表現而團結起來、做出成果。如果你不清楚溝通你的前路願景，沒有人會想要與你同行。」

喬伊接著教喬治一份行動計畫。她以前做過這項演練，對搭乘過她的巴士的人很管用，甚至在網站還沒成立之前就已經在做了，他們手工製作巴士車票，同樣管用。現在有了這個很棒的網站，這個方法一定也能夠幫助喬治。

她告訴喬治，他應該透過電子郵件，發送電子巴士車票給他的老闆和他的團隊，但不要附加訊息，這樣能夠引起他們的好奇。她一步步建議他如何個別與每個人相談，分享他對新產品上市的願景，並且交給每個人一張列印出來的巴士車票。她建議喬治如此結尾：「現在，你已經知道我的巴士要開往何處了。你也清楚我的前路願景，如果你準備踏上我的巴士，請在車票上寫下你的姓名，星期一早上九點前把車票交回我的辦公室。」

喬治很期待做這件事，時機再好不過了，因為NRG-2000將在今天算起的一週後預備上市，到了星期一，他就知道誰上了他的巴士、誰沒上。再者，這個週末可以讓所有人有時間為即將到來的忙碌一週做準備。他心想：能量正在轉動。

「喔！還有一件事」，當巴士快抵達喬治的辦公大樓時，喬伊說：「千萬記得也要為你的太太製作另一張電子巴士車票，告訴她你對於你自己、你們的婚姻和家庭的願景。她會需要知道你想去哪裡，喬治，千萬別忘了！」

「我不會忘記」，喬治回答：「我會這麼做。」這是他首次由衷慶幸他的車子爆胎，他心想：或許，每件事情發生確實有它的理由；或許，經過了這麼久，幸運之神首次對我微笑了；又或許，這意味著我的運氣和境況即將改善。

15 一個很漫長的週末

在臥室走動時，喬治注意到他的床頭櫃上有一本《時代》（*Time*）雜誌，封面是亞伯拉罕·林肯（Abraham Lincoln）的相片。喬治著迷於林肯的人生和總統職務，他驚奇於這個據說有憂鬱症的男人能夠克服數次的競選挫敗、兩次破產、一次精神崩潰、未婚妻去世等磨難，最終成為美國總統。五十一歲時，在看似將以失敗收場的爭議中，他鼓起勇氣與力量，團結美國，改變歷史的軌跡。喬治不禁想像，林肯當年苦苦等待美國內戰戰情報告進來時是怎樣的情景，在等待中，他不知道他的國家是離統一更邁進一步，還是離毀滅更邁進一步。

但是現在，喬治在和他的家人相處、在家

裡做種種雜務時，有點理解那種等待命運開展的滋味了。等待時，時間彷彿流逝得特別緩慢，他想知道誰會上他的巴士、誰不會。他思忖自己是否有力量與勇氣去克服他自己在工作上的小內戰，他想知道自己是朝著勝利或失敗前進。他在星期五把他的巴士車票發出去了，他覺得他召開的會議很不錯，但是要到週一才能見分曉。喬治走向他的書架，取下他特別喜愛的林肯書籍，隨意翻閱，一句引言映入眼簾，這句話帶給他新的決心。

> 我未必穩操勝算，但始終以誠處世。
> 我未必馬到成功，但秉持我的信念。
> ——第十六任美國總統亞伯拉罕·林肯

⑯ 誰上了巴士？

星期一到來，這個星期一很不同於上個星期一。上星期一的喬治憂心忡忡，今天的喬治緊張興奮，他搭乘更早的一班車去公司，以便及時收到他的新乘客交出的車票。他們逐一走進他的辦公室，他逐一問候。他們交出車票時告訴他，他們要搭他的巴士。只有麥克、潔米、荷西除外，這三個人一起走進來，喬治立刻就知道有事。他看得出他們神情緊張，手上沒有車票。喬治心想：我猜，他們可能太害怕了，不敢獨自進來，於是像狼般成群結隊。

「我們認為，你的巴士可能會發生車禍，我們不想待在車上」，麥克直言不諱。

「但是，我們需要這份工作」，潔米緊張地說。

「『我們』是指誰？」，喬治問。

「我們全部」，他們齊聲說道，望向彼此。

「你的巴士會起火燃燒」，麥克補上一句。

這些話如同匕首刺入喬治的心臟。麥克和潔米總是帶給他麻煩，他已經預期到他們不會上他的巴士，但是荷西倒是令他大感意外，荷西向來非常為他賣力。他最感意外的是荷西選擇不上巴士，而賴利和湯姆這兩個最大的麻煩者，反倒是交出了車票，決定上車。

面對杵在那裡的三匹狼，喬治不知道該說什麼才好，他實在太震驚了。雖然他也想過可能有人不會上他的巴士，但他從未思考如果真的發生這種情形，他該怎麼辦。現在，當著他的面，這個情況真的發生了，他不知所措。

「謝謝你們」，喬治只能先這麼說。他們走出他的辦公室，喬治消沉坐到他的辦公椅上。

想到他的團隊的狀況，喬治比以往更感到無望。他以為鐵定不會上車的兩個人，居然想上車，而他認為會是他第一個乘客的那個人，竟然拒絕上車。

不用說，這天過得並不如意。賴利和湯姆

繼續惹麻煩，彼此起爭執，也和其他團隊成員起爭執。他們事事抱怨、嫌東嫌西，抨擊別人的點子，自己又不提出方案。喬治試圖團結所有人，但不願意上車的那三匹狼導致他嚴重分心。他不知道該拿他們怎麼辦，只能讓他們在會議中消極地坐在那裡，他們三人不時高傲地翻白眼給大家看，讓其他人明確看出他們的想法。

整體的能量感覺很糟，喬治的感覺也糟透了。距離新產品上市簡報只剩下四天，他的巴士熄火了。

📍17 敵人是消極負面

週二早上，喬治了無生氣地走上巴士，步伐無勁。他感覺像是失敗了，無顏面對這些這麼努力幫助他成功的人。喬伊立馬覺察到他的無精打采，知道他在工作上的情況不大順利。本來，週二是她的輪休日，她通常在這天去探望她的父親，但是她有預感喬治今天會需要她的幫助，她想在巴士上與他分享一些正能量，如果他需要的話，能夠提振他一把。現在，看著喬治，她很慶幸依循自己的直覺。這不是她首次看到挫敗的模樣，事實上，她記得大多數的人在學習如何駕駛他們的巴士時，都會遭遇到挫折。每一個人和每一個團隊在他們的旅程中都會遭遇到考驗，這是人生課程的一部分，她太清楚這點

了。她心想，這就好比學騎腳踏車，起初你會摔下來，但重要的是要重新再來過，保持堅強，過了一段時間，一旦學會駕馭了，你就會像冠軍選手那樣自信地騎。她只需要幫助喬治快速抓穩方向盤，因為他的時間很緊迫，所剩無幾。

「怎麼了，甜心？」，她問：「上週五跳躍著上我的巴士的那個喬治去哪裡了？」

「他被兩記左直拳和一記右勾拳給擊倒了」，喬治回答。

「喔，那就是再站起來的時候！」，喬伊喊道。「生活總是會擊倒你，最重要的是，你要重新站起來。你沒看過《洛基》（*Rocky*）嗎？」，她問。她的話激起了喬治的興趣，他一直都很愛最早的《洛基》電影，大學論文還寫過這部影片，抒發一個人如何克服遭遇到的惡魔與挑戰，變成一個有歷練、有價值的人。

「我當然看過啦，誰沒看過？」，喬治說。「但那只是電影」，他懷疑地回應。

「喬治，這就是人生。我現在告訴你，要重新站起來」，她很嚴肅地說。

「可是，我失敗了」，他說。

「只要你不停止嘗試，你就沒有失敗，喬治。現在，請你把那顆哀怨的頭抬起來，坐直，我們來談談如何建立心智和情緒肌肉，讓你的巴士繼續前進。」

喬伊詢問喬治，到底發生了什麼事，使他如此氣餒？喬治解釋情況和團隊狀況，他咒罵賴利和湯姆這兩個最大的麻煩，以及整天搞破壞的那三匹狼。

「問題不是他們呀」，喬伊說，這令喬治大感意外。

「那問題是什麼？」，感到惱怒的喬治問。

「是消極負面」，她回答：「喬治，到處、在你做的每一件事情當中，都存在這種消極負面。你周遭總是會有消極負面的人，但問題不在於這些人本身，問題在於他們代表的負面性，他們只是你會遇到的眾多人之一。」

坐在後面的馬提站起來，大聲講述他的更多研究發現：「蓋洛普民意調查估計，美國有2,200萬名消極負面的工作者，一年造成的生產力損失約為3,000億美元！」

喬伊補充道：「喬治，這種負面性不僅削
弱生產力和公司績效，也在扼殺人們。自我懷
疑、畏懼、無望及負能量會消耗你，破壞你生
活中想要的一切，破壞你渴望的成功。喬治，
這些人代表的負面性，也存在你的內心，這也
是你必須餵食正面的狗的原因。」

　　「可是，我的巴士上有這些消極負面的人，
另外還有幾個不願意上我的巴士的負面鬼。
妳的意思是，我才是問題所在，他們不是問
題？」，喬治問：「坦白說，我有點困惑了。」

　　「聽著，喬治，你離問題太近了，以至於
看不清楚問題。問題在於：你把事情個人化
了，你太針對個人了。後退一點，別聚焦在這
些人身上，甚至可以先忘記他們的名字，別把
事情想成『你vs.他們』。你只要了解，他們
代表的是總是存在你周遭的負面性，最重要的
是，你要知道如何處理負面性。」

　　「所以，我們先來處理那些不上你巴士的
消極負面者」，喬伊說：「丹尼，請向他展示
法則#5。」丹尼舉起標語，上面寫著：

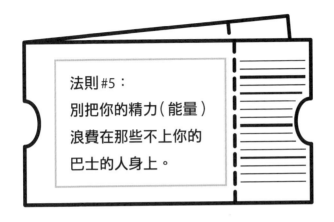

法則 #5：
別把你的精力（能量）
浪費在那些不上你的
巴士的人身上。

「先生，很簡單，有些人會上你的巴士，有些人不會。別去管那些不上你巴士的人，不要把你的精力浪費在他們身上。不必試圖讓他們上車，你不能駕駛別人的巴士，你只能駕駛你自己的巴士。」

「我懂妳的意思」，喬治說：「有幾年，我試圖駕駛我太太的巴士，但是很快就知道，當我試圖掌控她的巴士時，她不喜歡。」聽到這個，巴士上的乘客不禁笑出聲。喬伊繼續分享她的能量福音。

「沒錯，喬治，每個人得作出自己的選擇。你也必須作出你的選擇，絕對別花精力氣惱那些不上你的巴士的人，不必放在心上，也

17
敵人是消極負面

許他們注定要搭乘別班巴士。搞不好，如果他們上了你的巴士，會破壞你的旅程呢。」喬治知道，絕對會發生這種情形。

「此外，你花愈多精力去煩惱那些不上你巴士的人，你能夠花在那些上了你巴士的人的身上的精力就愈少。而且，如果你一直去想、去煩惱那些不上你巴士的人，就沒有精力繼續邀請新的人上車。喬治，銷售員都很明白這個道理，若銷售遭拒後，他們一直耿耿於懷，就沒有精力去追求新的顧客，邀請新的人上他們的巴士。對於那些不上你巴士的人，你就讓他們繼續留在巴士站，看著你的巴士揚長而去吧。」

喬治現在知道他犯下的大錯了，他花太多時間去思考那三匹狼，以至於完全忽視了想上他巴士的那些人。結果，他把自己搞得太累了，根本沒有精力把巴士往前開。

喬治想到了賴利和湯姆，他問喬伊：「那些上了你巴士、但是非常消極負面的人呢？」光是想到這兩個人，他就背脊發涼。

關於他們，喬伊也有解答，而解方不需要武器或大蒜。

你周遭總是會有消極負面的人。
後退一點，別聚焦在這些人身上。
你只要了解，他們代表的是總是存在你
周遭的負面性，最重要的是，你要知道
如何處理負面性。

BUS

巴士上不准有能量吸血鬼

「你問到消極負面的人，我得跟你把醜話說在前頭，喬治，膽小的人做不到這條法則。應付這世上的負面性可不容易，但這是必須做的事，你的成功與生活太重要了，所以你必須有一支正面支持的團隊圍繞著你。沒有人能在真空中創造成功，我們周圍的人大大影響了我們創造的生活與各項成就。你若想要成功把事情做好，就必須非常審慎看待誰在你的巴士上。有人能夠增加你的能量，有人會消耗你的能量，我把那些消耗能量的人稱為『能量吸血鬼』。如果你讓他們一直留在你的巴士上，他們會吸走你的元氣，破壞你的目標與願景。他們會造成引擎漏油、攪亂你的旅程，甚至割破你的輪胎。但是

切記，喬治，不要把事情個人化，不必看成是針對個人，他們不過是存在於這世上的負面性的一部分。你的職責就是，盡全力消除你的巴士上的任何負面性，包括消極負面的人，不論他們是誰。這就是法則#6，很重要。丹尼，請拿給他看。」

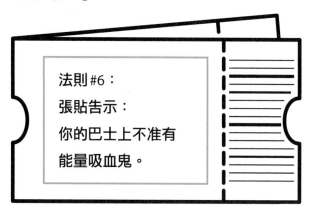

法則 #6：
張貼告示：
你的巴士上不准有
能量吸血鬼。

「你必須足夠強硬、堅定，告訴大家，你不容許巴士上有任何的負面性。你必須告訴大家，我們將往哪裡去，為了到達那裡，需要一支正面積極、相互支持的團隊。凡是消極負面的人，都將被趕下車，或是留在巴士站，不准再上車。」

當喬伊講述這些時，喬治想像賴利、湯

姆、麥克、荷西和潔米全都坐在巴士站，他的巴士揚長而去——嘿，他承認，想像這個畫面令他感覺很爽。可是，他真的能把人趕下車嗎？還有，那三匹狼呢？他不可能流放他們吧，能嗎？他還沒有開口問，喬伊就說了：「你今天要做的第一件事，就是和湯姆與賴利這兩個能量吸血鬼談話。告訴他們：『聽著，我不容許我的巴士上有任何的負面性，如果你們不正面積極一點，對我們的願景作出貢獻，那你們就得下車，另找工作。』」

「這很難」，喬治說。

「我知道，甜心，但有時就是得這麼做。你要給人有機會改變，但是若他們死性不改，你就得把他們趕下車，否則他們會毀了你的旅程。」

「那一開始就選擇不上我的巴士的那三匹狼呢？」，喬治問：「我該如何處理？」

「也和他們談話」，喬伊回答：「告訴他們每一個人，他們還有一次機會可以上你的巴士。如果他們不接受你的邀請，那麼當你和團隊開會時，別讓他們參加，就讓他們坐在他們的辦公桌前。任何事情都不讓他們參與，等到

新產品上市後,你可以和人資部門一起思考未來的行動計畫。」

　　喬治喜歡喬伊建議他的這些,準備好採取行動,覺得自己有工具可以處理能量吸血鬼,團結團隊追求成功。但是,他很納悶,為何在他的管理訓練課程中,從未學到這些東西呢?他心想:那些課程教了種種政策與程序,但從未幫助指導我們如何應付真人和真實的問題。

⑲ 正能量的終極法則

當巴士接近喬治的辦公大樓時，喬伊向他提供最後一項重要建議：「喬治，還有最後一點要告訴你，這點太重要了，以至於它沒有被包含在10條法則裡，自成一類。可以說，它是正能量的終極法則。因為太重要了，我希望你把它寫下來。」

喬治拿出筆記工具，等待喬伊繼續說。「喬治，這條終極法則是這樣的：**你的正能量與願景，必須比任何人的和所有人的負面性更重要，你的堅定程度必須大於所有人的懷疑。**喬治，總是會有人不認同你的願景，總是會有懷疑者懷疑這、懷疑那，告訴你不能做這個、做不到那個。他們認為夢想是別人的，你和他們這樣的人是沒有資格去夢想的。甚至有些人

可能不想要你成功，因為這會讓他們看到自己的弱點和失敗。他們不去駕駛自己的巴士，反而試圖破壞他人的旅程。」

「你的正能量之所以那麼重要，原因就在此，喬治。你隨時都可以把人趕下你的巴士，你也必須不時這麼做。記得這一點，總是會有更多消極負面的人上車。有的時候，你的巴士上也會有你無法趕下車的能量吸血鬼，比如你的上司或某個人，你就得好好應付他們。所以，你必須餵食正面的狗，天天培育照顧。我們給你那本能量書，就是因為這一點。」

「只做一天是不夠的，喬治，你得養成習慣。正能量就像肌肉，用得愈多，就變得愈強壯。當它變得愈強壯，你就變得愈強壯。重點在於重複做，你愈常聚焦於正能量，它就愈加變成你的自然狀態。這麼一來，當你面對消極負面的某個人時，你就能以力量和正能量去應對。就如同你靠著更常練習來成為一個技巧更好的高爾夫球玩家，你也靠著更多練習來發展正能量的技巧。你愈是常做，就變得愈自然。所以，你要壯大它，你才有力量去克服種種的消極負

面。原理就是這樣的，喬治，這就是關鍵。」

喬治無法否定她說的，他的正能量確實不那麼強大，所以他才會如此受到那些不上他巴士的人的撼動。他沒有那麼強大的力量和堅定意志，他並未強力聚焦於他的願景，因為他太薄弱了，才會讓自己受到那些唱反調者的操縱及影響。他知道，今天必須讓巴士前進，由於一切取決於他，他必須讓自己變得更強大一點，他向自己暗暗發誓，今天一定要有所不同。在他下車前，喬伊抓住他的手臂。

「喔，還有一件事，喬治，這顆石頭給你。」

「這是什麼？」，喬治接過喬伊遞給他的東西。

「呃，我知道它不起眼，又髒又黑，滿醜的。但這是一顆特別的石頭喔，是我的老師給我的。他在給我這顆石頭時說：『試著去發現這顆石頭的價值，你會發現你自己和你遇到的所有人的內在無價寶藏。』」

「我要怎麼做呢？」，喬治問。

「現在，就把它放到你的口袋裡」，她說：「經常看著它，讓它提醒你我剛剛告訴你的，

發現你自身的價值，發現這顆石頭的價值，發現你的團隊的價值。」

你的正能量與願景，必須比任何人的和
所有人的負面性更重要，你的堅定程度
必須大於所有人的懷疑。

⑳ 喬治操控他的巴士

進了辦公室，喬治做的第一件事就是把賴利叫來。他要照喬伊建議的，和每一個能量吸血鬼談話，這樣他才能在今早開動他的巴士。他知道，他必須趕快行動，團隊正在等待，他們今天需要認真前進的方向、聚焦，以及正能量。

坐在辦公桌前等賴利進來時，喬治感到憂慮，緊張的能量籠罩著他。他心想，感覺就像決戰日。他想起從前，在重要的袋棍球比賽前，心窩處緊張不安的那種感覺。在觀眾吶喊與期待高漲之下，他感覺自己彷彿要崩潰了，但同時充滿了興奮。他太熟悉這種感覺了，這很好，使他感覺活力十足，讓他知道自己已經就緒。此外，他的緊張能量往往變成燃料，激

發出他的一些最佳表現。他心想，今天就是決戰日！這麼久以來，他首次感到活力充沛，準備一戰。

賴利走了進來，在他還沒能向喬治發牢騷、抱怨喬治打斷了他的創意思考前，喬治就搶先大力出擊。他直截了當地告訴賴利，他受夠了賴利的負面態度，若他不以正面積極的態度幫助這班巴士前進，那他就得立刻下車。賴利被喬治的直率嚇到，同意喬治所要求的正能量和正面貢獻。喬治對此並不感到訝異，他知道賴利有家要養，現在擔不起失去工作。

湯姆的情形就完全不同了，他對誰都沒有忠誠度，尤其是喬治，他們從來就不喜歡彼此，兩人也知道這一點。但喬治心想，這不是喜不喜歡彼此的問題，這攸關把事情做好，為了NRG-2000產品成功上市，必須要有適任的團隊。因此，當湯姆走進來時，喬治已經做好準備。

「湯姆，我想要你留在我的團隊裡。但是，如果你會阻礙我們達成目標，我就不能留你在我們的團隊裡」，喬治說：「我不能放任

你當個破壞者，持續影響大家。」

「你開什麼玩笑？」，湯姆激烈回應：「唯一的破壞性影響者是你。我們的問題不是我引起的，是你領導無方，別怪到我的頭上來，你該怪罪你自己。我知道我們都不喜歡彼此，從來就沒喜歡過彼此，但真正的問題是，我根本就不認同你身為領導者的表現，我絕對不會說你想要我說的話，以便能夠上你那班什麼愚蠢的巴士。你需要我，喬治，這個團隊需要我。你要是現在就踢掉我，你的巴士就會掉下懸崖。如果你沒有什麼其他重要的事要說了，我要回去做我的工作了。」

喬治的肩膀沉了下來，他感覺得到身體變弱了一點，彷彿能量被吸走了，他就像一株逐漸枯萎的植物。他不知道要說什麼，混身發抖。「那你為何交出你的巴士車票」，喬治問。

「我把巴士車票交給你，只是因為我想要坐在前排的位子，看著你的巴士內爆」，湯姆齜牙咧嘴回應：「你我都知道會發生這件事。真的發生時，沒有人會比我更開心。」

喬治下意識把手放進他的口袋裡，碰觸到

喬伊給他的那顆石頭。他拿出石頭，看著它，思考接下來要說什麼。他從未料到會遭遇這樣的反擊。

「那是什麼？」，湯姆問：「你的寵物石頭？」

看著這顆石頭，喬治想起喬伊的話：發現你自身的價值。他認知到，湯姆之所以不相信他，是因為他也不相信自己，他讓自己被一個齜牙咧嘴、傲慢的能量吸血鬼抓住不放，並且施以言語攻擊。這隻能量吸血鬼沒興趣幫助他們團隊成功，當然也不想幫助喬治扭轉情況。最糟糕的是，他居然容忍這些，就如同過去的這幾年，他容忍每一個人和每件事。每天的日常生活把他更往下擊沉了一點，他的自信心一天天低落，逐漸變得更不像他欣賞仰慕的那種人，而是更像他會惋惜可憐的那種人。喬治發誓，他今天不再軟弱了，因為他受夠了。不過才半晌前，他才暗自發誓要變得更強大一點，但此刻他又變得軟弱了，感覺自己被擊倒。喬治握緊那顆石頭，在心裡告訴自己：「夠了！」，這兩個字在他全身發出迴音。看到喬治神情改變，湯姆後退了一步。

喬治心想，我再也不會容許自己變成生活或任何人的拳擊沙包了。他走上前靠近湯姆一步說：「你以為，我只會靜靜坐著，讓你用這種態度對我說話？」湯姆還沒來得及回答，喬治就繼續說道：「想清楚。你很能幹？當然，你是能幹。這次的新產品上市，我們用得上你嗎？當然。但是，我寧願選擇一支沒那麼能幹，但全員朝往同一方向、為了共同目標努力的團隊，也不要團隊裡有你這種態度的人。所以，湯姆，猜猜怎麼了？如果這班巴士爆炸了，你也不用擔心，因為你不在車上。你現在被趕下車了，立即生效。我不想這樣的，但是你剛才對我說的話，以及你的態度令我別無選擇。你被開除了。」湯姆驚愕地僵住了一會兒，然後轉身，一語不發地走出辦公室，用力把門甩上。

喬治站在那裡，因為剛才的爭論，他的身體激動顫抖還未停歇，但是他心想：「一個能量吸血鬼下車了」，這不容易，但他知道這是正確的決定。儘管湯姆是他最能幹的部屬之一，這也是他容忍湯姆這麼久的原因，但是他

必須開除他，這對整個團隊有益。喬治感覺彷彿他肩上的負荷一下子減輕了200磅，他覺得既強壯、又輕鬆。再看了那顆石頭一眼後，喬治把它放回口袋裡。想到喬伊，他不禁露出微笑。這麼久以來，他首次為自己感到驕傲。

喬治本來打算按照喬伊的建議來處理那三匹狼，既然他們不想上車，那就把他們隔離在團隊之外。但是，麥克來喬治的辦公室，氣沖沖地告訴他，開除湯姆是瘋狂之舉，一定會導致巴士爆炸，喬治也會粉身碎骨。喬治別無選擇，告訴麥克，這是巴士的規定，不接受就滾蛋。麥克太驕傲而不願屈服，太憤怒而不願退讓，也決定辭職，搭上另一輛巴士，走另一條路。喬治心想：一次解決了兩個！

經歷整個早上的兩場激烈爭論，喬治思忖：接下來會發生什麼事？他不喜歡衝突、爭吵或怒吼，當然也不喜歡開除同事或失去兩名團隊成員，但是他暗自發誓要保持強大、忠於願景，不這樣做就會迎來失敗。他已經做好和潔米及荷西對抗的準備，但真心希望不會走到和他們爭鬥的這一步。

喬治告訴潔米，她要不就是上他的巴士，要不就滾蛋。潔米同意上車，但她嚴厲批評喬治，但不是以負面言辭，而是道出事實：「喬治，我已經為你工作了幾年，你似乎一年比一年、一天比一天變得更愛發脾氣、更尖刻，我們甚至打賭你何時會自己內爆，不再來上班、放棄了。但是，你還是天天出現，把自己搞得很痛苦，也把你的團隊搞得很痛苦。這個團隊支離破碎，不是因為我們，而是因為你。我們當中沒有一個人能夠相信，我們竟然能夠容忍你這麼久。所以，當你告訴我們，你想要我們上你的巴士時，我心想：我絕對不會上他的車，過去一年，他的巴士漫無目的地艱險跋涉，我為什麼要上車？但是，如果你說我必須上車才能保住飯碗，那我就上車。不過，我也想讓你知道，我為何一開始選擇不上車。」

喬治呆坐著，他知道潔米說的句句屬實，但他還是難以接受。他不知道該說什麼或如何回應，他想告訴她有關喬伊、能量巴士，以及他學到的東西，但他當時呆滯、無力思考太多，也沒時間詳述這些。他只能先向潔米感謝

她的誠實直言，並且選擇上了他的巴士，然後他等待即將揮出另一拳的荷西。

荷西走進來後，喬治立刻說，荷西沒有選擇搭上巴士，令他感到很驚訝，畢竟一直以來，他們都是互相合作的。荷西也沒放過喬治一馬，作出嚴厲抨擊。

「沒錯，喬治」，荷西說：「我為你全力以赴，你要求我做的，我都做了。我加班到很晚，週末也加班，我扛下其他人的爛攤子，但是你從不曾對我的賣力和忠誠表達感謝。我請求你加薪時，你說你會考慮，但是就再也沒有下文了。這算什麼啊，喬治？你只關心你自己和你的工作發展，根本就不關心我。所以，你突然要我上你的巴士，其實是為了拯救你自己的飯碗，別以為我們不知道。如果這次新產品上市搞砸了，你就會丟了飯碗，大家都知道。所以，你要我上你的巴士時，我應該興奮大喊：『耶！我搭上巴士了』嗎？不可能，你從來都沒上過我的巴士，現在卻要我上你的巴士！」，他大喊道。

喬治再度遭到重擊，他最近、尤其是今天挨了很多拳，但是現在，來自他最喜歡、最信

任的人的這一記，是最重的一拳。然而他知道，荷西說的沒錯，此時此刻，他說什麼都無法令荷西好受些。荷西是被激怒了，喬治了解為什麼。

「你說的沒錯」，喬治回應：「你說的沒錯。我只能這麼說。」

喬治的反應令荷西感到意外，他本來預期會被炒魷魚的。此前，他看到麥克和湯姆離開辦公室，他以為所有人都會被炒魷魚，所以看到喬治如此冷靜，他既驚訝、也鬆了口氣。好一會兒，喬治與荷西就這麼沉默尷尬地停在那裡，兩個人都不知道該說什麼。

荷西先打破沉默，「好吧，接下來呢？」，他問。

喬治沉默地站著，思考「接下來呢？」，一個想法突然浮現他的腦海：你無法改變過去，就任由它去吧，選擇放下，創造未來。

喬治眼神發光自信地說：「接下來，我們要創造我們的未來。」雖然他再度被兩記右勾拳擊倒在地，但這次他站了起來，這次他不放棄，這次他要全力朝向願景邁進。「現在，我

請求你給我一次機會對你作出彌補」，喬治說道：「我現在還不知道要如何彌補，但是我會想出一個彌補的方法。這次的新產品上市，我想請你幫助我，請讓我向你證明，我是一個你樂意共事的人，請讓我向你證明我會支持你。」荷西同意了，他們一起走出他的辦公室，和團隊的其他人開會，這場會議將是很有生產力且正面積極的一天伊始。

你無法改變過去，就任由它去吧，
選擇放下，創造未來。

㉑ 喬治作了一個夢

這天，喬治渡過了多年來在工作上最有生產力的日子之一。那一晚，他作了一個夢，夢見他開著一輛巴士，載著他的員工、他的太太和小孩，但巴士從山上往下奔滑，朝著一個巨大的黑色坑洞衝去，眼看著車禍就要發生了，突然間有一隻看不見的手舉起巴士，喬治和所有乘客最後安然無恙。然後，喬治、他的團隊，以及他的家人站在壁架上俯瞰那道深淵，他油然而生一種難以形容的平和感，聽到一句耳語：「相信好事正在發生。」他在汗流浹背中醒來，想著新產品問世和他的團隊。

他認知到，眼前是他人生中最關鍵的三天，但他也有著難以置信的平靜感，認為一切

最後總會有辦法解決的。這種感覺令他驚奇，但歷經過去的一週半，他已經習慣於驚奇了。他體悟到，生活可能在一瞬間改變。這一分鐘，你正朝向某種毀滅；下一分鐘，你坐在巴士上和一群可能此生從未上過一堂商業課程的人共同謀劃事業。最大的驚奇是，他們所說的，還真的管用呢！是呀，喬治漸漸習慣於驚奇了。

相信好事正在發生。

㉒ 今日優於昨日

星期三早上，喬治坐在巴士站等車，想到昨天他和潔米及荷西的談話，以及他的團隊昨天的整體表現。他心想：還少了什麼？我可以在哪些方面做得更好？我該如何向我的團隊證明我也在他們的巴士上？他在腦海裡快速回顧昨天發生的種種，就像足球教練回顧一場比賽的每一幕，或是舞者精修細調表演中的每一步、每一個肢體擺動、每一次旋轉。人們一般用這種方式去回想成功與錯誤，思考「當時應該……」（應該做、但未做的事）和「本來可以／可能……，卻……」（本來可以／可能發生、但未發生的事），這是改進的重要時刻——如果真心願意學習，從錯誤中成長、累積成功經驗

的話。喬治一直都知道這一步很重要，但是他後來忘了要持續學習與成長。

現在，他再度清楚地思考，並且想起大學時的袋棍球教練給過的好忠告，教練告訴他：「目標不是追求優於其他人，而是追求今日的你優於昨日的你。」的確，喬治想要成為一個更好的領導者、一個更好的人、一個更好的丈夫、一個更好的父親，他想要荷西覺得跟他工作很愉快，他想要潔米看到他不可能內爆。喬治的目標是：天天改進，幫助他的團隊進步，並希望能向NRG公司的高層主管們交出一次極為亮眼的新產品上市佳績。他知道這有點孤注一擲，不一定能夠實現，但是他現在只剩下懷抱希望和追求改變與成功的渴望。他們團隊昨天有相當大的進展，但是他也知道，他們還需要遠遠更多的進展，才能把不可能化為可能，在週五獲致成功。他知道還少了什麼，但不確定是什麼。

他從口袋掏出喬伊給他的那顆石頭，雖然他覺得隨身攜帶一顆石頭有點好笑，但喬伊說的事情都很有道理，所以他想，她給他這顆石

頭必然有其道理。看著這顆石頭，喬治想起喬伊的話：「當你發現這顆石頭的內在價值時，你也會發現你本身及其他人的內在價值。」他心想，裡面或許有鑽石寶玉之類的東西吧？！這個瘋狂的想法令他啞然失笑，他心想：怎麼可能！喬伊會給我一顆內藏鑽石的石頭嗎？不可能。但是，能在這顆石頭裡發現什麼價值呢？他納悶，這是一種古文明之類的東西嗎？又或者，這顆石頭象徵力量嗎？喬治心想：昨天和湯姆對峙時，它的確幫助了我。或是，這顆石頭來自一條特別的河流嗎？還是因為這顆石頭是喬伊的老師給她的一份特別的禮物，才會變得有價值吧？哎，不知道啦，他心想，也許喬伊會給他關於這顆石頭的答案，還有身為領導人的我還少了什麼，她說不定也有答案。11 號巴士進站了。

目標不是追求優於其他人，
而是追求今日的你優於昨日的你。

BUS

㉓ 感覺很好

當喬治走向巴士時，聽到巴士上發出大聲吟誦。「我感覺很好，是的，我感覺很好。是的，我感覺很好，是的……」，所有乘客歡呼，手臂揮舞，聲音響徹巴士，灌入喬治耳中。當然是喬伊帶領吟誦，巴士停了下來在喬治面前。

「嗨，甜心，你今天好嗎？」，她問候喬治。

「很好」，他說：「發生什麼事了嗎？你們為什麼這麼開心？」

「情緒，喬治，情緒能使你感到振奮或沮喪。我們常說，e-motion（情緒）這個單字代表energy in motion（能量在流動），你的情緒狀態取決於能量如何流經你，所以別讓負面情緒把你帶往消極負面、悲哀、絕望的黑暗路。

我們可以控管我們的情緒，提振自己，讓正能量暢通無阻。」

「有道理，但是有點煽情、老掉牙」，喬治說。

「是啊，是煽情」，喬伊回答：「我們當然也知道。但是，巴士上的人下車時，都是開心振奮的，準備好迎接這一天。反觀其他巴士上的許多人，為了又一天的工作感到憂心害怕。你喜歡哪一個？煽情、但快樂，還是沉默寡言和痛苦？你不覺得，這是個很容易的選擇嗎？」

喬治無法否定喬伊所言，他已經悲慘很久了，他知道他情願看起來幼稚傻氣、但快樂，也不要痛苦。只要不再痛苦，怎樣都行。

「關鍵是感覺很好」，喬伊繼續說：「當你感覺很好時，你周遭的每一個人也會感覺很好。我們談的不是一杯雙倍濃縮拿鐵或一條巧克力帶來的那種好感覺，我們談的是樂趣、快樂、熱忱、感激、熱情、興奮之類的好感覺。記住，喬治，你帶給這個世界的贈予，並不是你的履歷表上列出的那些資歷與成就，或是你送給其他人的禮物，而是你的好感覺及快樂，並且把這種好感覺及快樂帶給其他人。在快樂

且正面樂觀的人身邊，會讓人感到快樂且正面樂觀。有太多太多的人試圖取悅他人，這只會使他們不快樂，最好是聚焦於讓自己感覺很好，並且讓這種感覺與快樂去照耀和感染其他人。當你感覺很好時，你就有力量去施予。當你感覺很糟時，若你試圖靠著取悅他人來讓自己感覺很好，那樣只會流失你的力量……，將會使你變得更耗弱。我說得有道理嗎？」

喬治覺得她說得太有道理了，他總是試圖取悅他的上司、他的太太，以及其他人，結果是天天變得更加不快樂。現在，他再度感覺很好，能量吸血鬼下了他的巴士，他的團隊步入正軌，好感覺真的產生大不同。

不過，喬治仍在想著昨天，仍在試圖找出到底少了什麼。他向喬伊講述昨天發生的事，講述他和潔米及荷西相談時，他們如何說實話嚴厲批評他，以及這些批評使他醒悟自己是多麼差勁的領導者。他也告訴喬伊，昨天的團隊會議很有建設性，團隊成員全部積極參與。接著，他直截了當地詢問喬伊，是不是有什麼他本來可以做、但沒有做的事？「我感覺很好，

他們也有良好的回應，但好像不如我想望的那麼好，仍然少了什麼。我知道我們可以做更多，除了感覺很好，應該還要有別的」，他說。

「的確還有別的」，喬伊立刻回答：「喬治，你真的是改頭換面了，我為你感到驕傲。現在，你必須變成一個不同於以往的領導者，這個改變的關鍵在於你的心。你說，好像少了什麼？缺少的東西就是你的心，這是我們要幫助你取得、並和他人分享的東西。重點在於心，喬治，我希望你有心理準備，因為一旦踏上你的旅程的下一步，就再也沒有回頭路了。」

你帶給這個世界的贈予，並不是你的履歷表上列出的那些資歷與成就，或是你送給其他人的禮物，而是你的好感覺及快樂，並且把這種好感覺及快樂帶給其他人。

23

感覺很好

24 用心領導

喬治不明白，喬伊說他沒有心，到底是什麼意思。「妳說我少了心，這是什麼意思？」，他邊問邊指著自己的心臟：「在這，沒丟！」

「拜託，喬治，我當然知道你有一顆心臟。但是，你的心是冷的、負面的，麻木得太久了，以至於封閉了，不會一夜之間就完全開啟的。你最近應付的這些事情，開啟了你的心，這是好事。我聽過一句話：『上帝持續令你傷心難過，直到你開啟心扉』，我認為這句話說得很對。想想看，每一次的困頓、每一項挑戰、每一個逆境，都使你更接近你的心，更接近你的真我。有時候，你必須崩潰到令你感到無力的地步，你才會發掘你終極、真正的力

量。我在你身上看到這個，這也是你上了我的巴士的原因，該是你去觸及真實、正面、強大的你的時候了。」

喬治想到車子爆胎、婚姻問題、工作危機，以及他和潔米及荷西相談的內容，他知道喬伊說得沒錯，每件事促使他停止怪罪別人，開始檢視自己。不過，他從未想過什麼開啟或封閉的心這個問題，他只是慶幸自己還沒心臟病發作。

「喬治，現在該是你展現領導的時候了」，喬伊說：「不是管理，我說的是用正面、具有感染力的領導風格來領導。這是你的團隊所渴求的，他們想要你用心領導，這就是你詢問的那個缺少的部分。心是你的力量的中心，具有感染力的正面領導就是來自你的心，你的心愈是開放、強大且正面，你就會愈強大。」

「她說的是真的」，坐在後面的馬提開口：「這不是啦啦隊式的勵志口號，是真確的巔峰效能科學。我在很多科學期刊上發現心能商數研究中心（HeartMath Institute, heartmath.org）發表的研究發現。」他拿起電腦給喬治看，螢

幕上顯示：

- 心臟就像情緒指揮官，透過心臟的電磁場，顯露你對於身體每個細胞的感覺；在5到10英尺外，就能偵測到這個能量場。
- 心臟的電磁場比大腦強5,000倍。

「10英尺外，比大腦強5,000倍！」，喬伊喊道，她聚焦於喬治，確定他了解這項研究發現的重要性。「這表示，我們每天每時每刻透過我們的心，散發出正能量或負能量，人們接收到這些訊號。」

「所以，我們能夠看得出一個人的真或假」，珍妮絲說：「我們能夠感受到他們的心，知道他們是真誠還是虛偽的。」

「我們能夠感受得到」，喬伊說：「所以，我們才會有諸如『他心胸寬大』、『她對她的工作很用心』、『他們很有心』之類的表達。

我們都在四處傳播我們的感覺，不論是正面積極、負面消極、興奮、冷靜、憤怒或緊張，周圍的人都能夠感受得到。喬治，如同我之前告訴你的，一切都跟能量有關。你的員工收看你的廣播電台，他們想要你的能量。他們現在比以往更加需要你，你也需要他們。如果你希望接收到更多正面、強大的能量，就必須藉由開啟和汲取你的心的力量來傳播這股力量。」

「但是，我不知道該怎麼做」，喬治邊說邊焦慮地望向馬提和喬伊，離新產品上市簡報只剩下兩天了，他問：「我要如何用心領導呢？」

㉕ 能量長

解答並不是來自喬伊，而是來自巴士上的另一個人，這個人鮮少說話，但是在擔任正面積極、具有感染力的領導人方面，他經驗豐富。他是傑克，一個禿頭的中年人，他那露出亮白牙齒的燦爛笑容，總是令人不禁跟著微笑。他開口說話時，大家都會認真聆聽，現在他要傳授一些東西給喬治。

「該是你成為NRG公司CEO的時候了」，傑克說，他的神態和語氣流露出經驗豐富的領導人的那股自信，邊說邊整理他的領帶，拍彈他的西裝。

喬治心想，這傢伙的頭殼完全壞去了吧？他說：「先生，我只是一個經理而已，連高階

主管都不是。我只剩下兩天了，請告訴我，我要如何成為公司的執行長？還有，這跟『用心領導』有什麼關係？」

「首先，請叫我傑克。其次，我說的CEO不是執行長，而是『能量長』（Chief Energy Officer）。為什麼是『能量』？因為能量是現今個人與職場成功的貨幣，如果你沒有能量，就無法領導、激勵或真正作出貢獻。關於能量長的一大優點是，包括你在內，你公司裡的任何人都可以當能量長。決定成為一個能量長，代表的是和你的同事、員工及顧客分享正面、強大、具有感染力的能量。這意味的是，你從內心出發，由衷溝通」，傑克邊說邊把他的手放在胸前。坐在後面的馬提喊道：「喬治，我相信你一定聽過商業世界很流行的一個詞彙，EQ、情緒智商（emotional intelligence）」，喬治點點頭，馬提繼續說道：「研究指出，成年人的成功有80%跟它有關。」

「沒錯，馬提」，傑克說道：「情商其實就是指在領導、銷售、溝通時，汲引你內心的力量。情商和衷心領導（heartfelt leadership）是

相同的東西，指的是有效地、有感染力地與人溝通。如果真正簡化的話，你知道它是什麼意思嗎？就是人們喜歡你、尊敬你，想要追隨你。我不是說，你可以在一夜之間成為一位能量長，但如果你想要領導你的團隊在本週五獲得勝利，你現在就必須開始。」

接著，傑克平靜地問：「我可以跟你講一個小故事嗎？」

「當然」，喬治回答。

「你現在看到的我，是一個有自信的領導人。我知道我是誰，我知道我在這裡做什麼，我懂得如何領導。在我的公司，我不僅是執行長，也是能量長之一。可是，幾年前並不是這樣的。幾年前，我跟你一樣，也上了這輛巴士。喬伊，親愛的喬伊，真的是來自天堂的天使啊！她拯救了我的工作、我們公司和我的人生。你想知道她是如何拯救的嗎？」喬治點點頭，目不轉睛地注視著這位很有自信的領導人。

「當時，我在我們公司掌管最主要的事業單位。多年前，他們從商學院選中了我，公司裡的許多高層稱呼我為『天選之人』。我學識

淵博，履歷亮眼，系出名門，有職業道德，工作賣力。二十五年間，我在公司的成功階梯上步步高升，喔，不，應該是跑跳高升。」

「但回顧過去，我看到我欠缺的是心。我不是一個真正優秀的領導人，我常常沒有全盤考慮就把人趕下我的巴士，我用令部屬恐懼的方式來領導，但是恐懼並不會持久。這種領導風格在我的職涯早期行得通，但歷經時日，我的事業單位出現嚴重的員工流失和士氣問題，生產力顯著下滑、效能大降，負面心態高漲，銷售業績敗退到幾乎導致公司破產。董事會想開除我，但是我的導師、也就是公司總裁相信我，說他願意給我一個扭轉局面的機會。不過，我自己已經不抱任何希望了，我已經失敗了，決定放棄，全部都放棄。你大概不會相信，有一天，我決定提早離開，不僅放棄我的工作，也放棄我的生命，卻遇到了喬伊。」

聽到這裡，喬治很震驚，低聲嘀咕了一句：「不會吧！」

「沒錯，喬治，我當時真的打算全部放棄了。因為太痛苦了，失敗得太慘了，我懷抱的

期望從未實現。我知道你現在在想什麼，事後回顧，真的難以置信，我甚至無法相信我當時竟然會那樣思考，但是我很消沉，非常消沉，直到喬伊把我拉出來。她的微笑令我開心，她的話鼓舞了我，她喚醒了我。」

「因此，我決定不放棄了。我開始搭她的巴士去上班，你知道嗎？我每天多開20分鐘的車，就為了去她的巴士路線經過的那個巴士站。因為她，我成為一位能量長，現在我已經發展出一家欣欣向榮的公司，公司裡有大量的能量長，天天運用喬伊提供的10條法則去創造成功和正能量。她拯救了我的生命和工作，所以我現在也想幫助你，喬治。正能量就是這樣運作的，一個生命感動另一個生命，這另一個生命又去感動另一個生命，一次一個人傳播出去。為了幫助你把正能量傳播給你的團隊和世界，你需要知道法則#7，這條法則回答你剛才的疑問——如何用心領導。」

喬伊聽了開心得淚珠盈眶，指示丹尼向喬治展示法則#7。丹尼舉起標語，上面寫著：

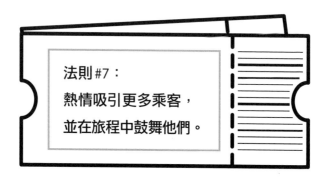

法則 #7：

熱情吸引更多乘客，
並在旅程中鼓舞他們。

　　喬伊想要說點什麼，但是她仍然哽咽，不論她已經聽過傑克講述這個故事多少遍了，每次再度聆聽時，她仍會感動得流淚。她至今仍然記得她和傑克初遇的那天，事實上，她記得發生在她的巴士上每一段有意義的談話。她看著喬治，看到又一個大好機會去幫助改變某個人的生命。這個人能夠作出非常多的施予，只是需要學習如何施予。她希望他成功，不亞於他自身的渴望。此刻，她雖然激動哽咽得難以言語，但是她知道有個男人能夠代替她，這個人不但學到了她的理念，還親身實踐，並且天天在他的公司與人分享這些理念。

　　傑克看看丹尼舉起的標語，又看看喬治，他們互相對視，傑克繼續和這個此刻需要他的

傢伙分享他的能量與知識：「喬治，能量長用熱情面對生活和工作。他們對活著感到興奮，他們裝滿了正能量，樂觀看待生活和工作。藉由這些，他們善用內心的力量，不讓畏懼阻止自己，以強大的正能量勇往直前。對於類似你這個星期五面臨的挑戰，他們視為學習、成長與成功的機會。」

坐在後面的馬提再次喊道：「Enthusiasm（熱情）這個單字源於希臘文『entheos』，意指『受到鼓舞』或『對神的虔誠狂熱』。」

「沒錯」，傑克說：「喬治，我要告訴你的是，當你對生活和工作感到振奮、擁有熱情時，你就會把這種強大的神聖能量帶入你做的每一件事，人們會注意到，他們能夠看到和感覺到。當你展現熱情時，人們就會想要上你的巴士，你的巴士充滿了活力，大家會說：『嘿，我想搭乘那輛巴士。』各部門的員工會想要幫助你，你成為別人想要為你工作的人，顧客會想要和你往來，銷售人員前來諮詢你，因為他們尋求那種熱情活力，好增加他們的銷售業績。當你用熱情面對生活和工作時，人們

會被你吸引，猶如飛蛾撲向燈光。詩人華特·惠特曼（Walt Whitman）說，我們藉由我們的存在去說服他人，當你展現熱情時，你散發的活力說服他人步上你的巴士，留在你的巴士上。喬治，這是強大的能量，喬伊教我的，真的很管用。」

傑克很有說服力，但他其實不需要說服喬治相信這些法則很管用，因為在他講述這些時，喬治想起當年就是他的熱情，幫助他獲得第一份工作。他們告訴他，他們喜歡他的熱情。他也想到當年在追他的太太時，他展現的熱情最終打動了她，答應和他試試看。他想起自己進入NRG公司後的早年有多熱情，但是後來不知道怎麼了，何時失去了他的火花？不過，他心想，那些都是往事了，他現在只想感受那種熱情再度點燃，他想要成為傑克剛才描述的那種人，他邊聽邊思考今天要如何把那種活力帶到工作上。

傑克繼續傳授：「記得喬伊說過的：『當你感覺很好時，你周圍的其他人也會感覺很好。』當你充滿熱情時，你的感覺很好，這會

使得你周圍的人感覺很好。曾經有個顧客告訴我，他向我們公司的那個業務購買，未必是因為喜歡我們的產品，而是因為喜歡那個業務的活力。他的那股興奮勁兒感染他們，令他們也興奮起來，他們興奮於搭乘他的巴士。」

「不管你們銷售的是什麼產品，不管你領導的是什麼單位或團隊，不管你即將推出的是什麼產品，人們購買的是你和你的能量。很簡單的事實是，當你振奮、有活力，人們就會對你的巴士去向感到興奮，使得他們想要搭乘你的巴士，留在你的巴士上。」

喬伊安靜了好一會兒，雖然她很欣賞她的門徒熟練地傳授她的理念，但她還是想確保喬治知道傑克沒有提到的東西，因此加入談話。她說：「但這不是要你裝腔作勢矇騙別人，這樣很假、也很討人厭，喬治。熱情不是要你持續保持亢奮，傑克和我說的熱情是真誠的，你只需要展現熱情，不要強迫別人或用力推銷，讓你的存在去說服他人。因此，你只需要聚焦於自身的興奮與熱情，讓你的活力自行表達。今天就聚焦於變成你們團隊的心臟，就像身體

的每一個細胞隨著心率躍動，你周圍的每個人也將隨著你的頻率和你的活力躍動。就像心臟傳送能量給每個細胞，你也必須傳送正能量及熱情給你的每個團隊成員。最重要的是，把這件事傳授給你的團隊，讓他們知道，他們一樣能夠成為能量長；讓他們知道，任何人都能夠成為組織的心臟，因為不論你在何處、不論你做什麼，當你熱情地面對生活與工作時，你周圍的人將隨著你的頻率而躍動。」

「我的團隊如此四分五裂，是這個原因嗎？」，喬治看著喬伊和傑克問道：「因為我天天在散播負面訊號和負能量？」

「嗯，坦白說，是的」，傑克回答：「消極負面的人往往創造消極負面的文化，正面積極的企業文化是由正面積極的人創造出來的。公司或團隊的能量是由領導人，以及組織中對組織的集體能量與文化作出貢獻的每一個人的能量與熱情所培養出來的，而這個集體能量又影響組織中每一個人的能量，於是形成一個正能量或負能量的無盡循環。所以，每當人們問我，我們公司最重要的資產是什麼時，我告訴

他們，是能量。我說，不是天然氣或石油喔，而是同仁和他們帶到工作上的能量，使我們公司成功的就是這種正能量。」

「數據不會撒謊」，馬提說，他總是尋找研究發現增添到談話裡：「《EQ》（*Emotional Intelligence*）這本書的作者丹尼爾‧高曼（Daniel Goleman）解釋，有正向企業文化的正向公司，次次都贏過負面消極的對手。還有一點也很重要，如果你要投資公司，應該選擇那些被評選為最佳工作場所、員工充滿正能量和熱情的公司，這樣你的投資報酬將明顯高於股市大盤的平均報酬。所以，顯然正向的企業文化，也有益於公司的營收及獲利。」

「你聽到了嗎？」，喬伊說：「喬治，一切都跟能量有關。你前面問說少了什麼？缺少的就是熱情，最成功的團隊都有熱情。每一個團隊都想要熱情，但是真正有熱情的團隊很少。就從你開始做起，當你有熱情，他們就有熱情；當你有活力，他們就有活力。所以，該是時候把你的能量表提升至下一個水準了。準備好了嗎，喬治？」

「準備好了！」，喬治燃起鬥志，準備好採
取行動。巴士離他的辦公大樓還有幾英里，但
是他現在就很想跳下車跑去辦公室，當然他也
知道，這樣做只會使他精疲力盡，他現在需要
保留所有的精力，所以他留在巴士上，看看喬
伊還有什麼要說的。這是正確之舉，因為他即
將學到的下一條法則，將徹底改變一切。

當你感覺很好時，你周圍的其他人也會感覺很好。

正能量就是這樣運作的，一個生命感動另一個生命，這另一個生命又去感動另一個生命，一次一個人傳播出去。

25

能量長

26 愛你的乘客

喬伊一邊開始減速，一邊思考接下來要說什麼。她的目光從道路移向遠處的右邊，那裡有張標牌寫著：「愛就是答案。――上帝」她指著那張標牌，要喬治和其他乘客看向那張標牌，「多奇妙啊！」，她說：「人生的指示總會適時出現，在我們的旅程中指引著我們。你如果對這些指示敞開心胸，留意去看，它們總會告訴你，你的巴士必須開往哪裡，你的旅程中需要什麼。最棒的是，當你用這些指示去尋找並且決定遵循正確的道路之後，上帝將會竭盡全力支持你。正確的人將會出現，好的情況將會陸續發生，阻礙將會逐一化解，創意好點子將會一一浮現。世事就是這樣，法則不是我創造的，我只

是真正了解並且傳授罷了。」接著，她看看喬治說：「那個指示是為你出現的，甜心。你如果還有什麼懷疑，暫且拋開吧，因為丹尼將向你展示法則#8。」丹尼舉起標語，上面寫著：

法則#8：
愛你的乘客。

「別忽視指示，喬治，愛就是團隊成功的答案」，她說。喬治看起來有點詫異，他從未聽過任何人在同一個句子裡同時談到愛和事業。

「熱情很重要，但愛才是答案。想要確實、確實，我再強調一次，確實善用你內心的力量，以具有感染力的正能量領導，你必須愛你的乘客，你必須成為一塊愛的磁鐵」，她說。

巴士上所有的人立刻一致複誦：「愛……的磁鐵！」

「愛的磁鐵，這到底是什麼鬼東西？！」，

喬治邊問邊向四周張望，甚至不確定是否想要知道答案。

「呃，不是噴了昂貴的古龍水或香水，你就會變成一塊『愛的磁鐵』喔」，她說：「不是在酒吧四處撩人說肉麻的話，你就能變成一塊『愛的磁鐵』喔。」

那很好，喬治心想，因為他既不噴古龍水，也不上酒吧。

「你藉由愛你的同事、你的顧客、你們公司及你的家人，變成一塊『愛的磁鐵』。你藉由『慷慨地分享愛』，變成一塊『愛的磁鐵』。」

傑克插話：「喬治，我知道，在企業界談論愛，聽起來真的很崇高又煽情，但是她說得沒錯。任何人都想要被愛，你所有的同事其實也想要你的愛。」喬治想到荷西，覺得他們講得有道理。

他告訴他們有關荷西的種種，以及荷西只是想要獲得肯定及關心。喬治說，他已經承諾將對荷西作出彌補，但是他還不知道要作出怎樣的彌補。

「他想要的只是愛，喬治。你可以給他獎

品和獎勵，當然加薪對他來說也不錯，但最終
獎品會被遺忘，加薪帶來的興奮感也會逐漸消
退，繼續留存的是一種情緒感覺，一種你是否
愛他們的感覺。他們要的就是這個，喬治。荷
西和你的團隊，想知道你也關心他們，他們想
知道你關心他們的前途及福祉，他們需要知道
你愛他們。一切不能只是攸關你和你的工作，
也必須攸關他們。你愛他們的話，他們也會回
愛你。若你只是把他們當成一個數字，或是你
下次升遷或你的下筆獎金來看待，他們也會把
你當成一個數字來看待。但是，若你真心愛他
們、關心他們，他們會透過種種方式來回愛
你，包括為你賣力工作、對你忠誠，用很棒的
主動精神及成功故事帶給你驚喜。他們教你的
東西，將不少於你教他們的東西。銷售也是一
樣，喬治。最優秀的銷售員都是愛的磁鐵，
當顧客知道你愛他們，而不只是把他們當成
一輛新車或一艘船艇來看待，他們不會輕易離
開你。當他們感受到來自你的愛時，他們將給
你帶來更多的生意，為你引介更多的顧客。人
們和他們喜歡的人做生意，人們和愛他們的人

做生意；你付出愈多的愛，回報給你的愛就愈多。當你的團隊知道你愛他們，並且感受到來自你的愛，他們會想要一直留在你的巴士上，不論這輛巴士將開往何處。熱情，使他們興奮於搭乘你的巴士，但讓他們繼續留在巴士上的是愛。」

喬治心存懷疑地說：「這些聽起來都很棒，真的很棒。但是，談論愛與事業是一回事，實際做起來又是另一回事。實話說吧，就我所知，人資部門不大待見員工在工作場所擁抱他人，現在也應該還是如此。理論上，愛當然是好事，但我的疑問是：在工作上，要如何實踐呢？還有，你要如何克服那些認為愛是一種軟弱表現、只有弱者才需要愛的人呢？」

「問得好」，傑克回應：「的確不容易，沒有人說愛是件容易的事，尤其是在工作上。但是，只要堅持和努力，就能夠做到。想要提升你的團隊的績效表現及生產力，沒有比這更好的方法了。至於那些認為只有弱者才需要愛的人，哎，他們根本不了解研究發現。馬提，請跟他們說說吧。」

馬提解釋，當人們的思考正面、有愛心時，比起他們負面、憤怒地思考時更加強壯。「人們以為愛是一種軟弱的情緒」，他說：「但其實，它是最強健的情緒。你可以試試仰臥推舉很重的槓鈴，此時若你懷抱著有愛心、正面的想法，你的力量將比你懷抱著負面、憤怒的思想時更大。」

「好消息是」，傑克繼續補充：「我們有很好的方法，可以把愛付諸實踐。我們花了很多時間和心力在這上面，得出五種愛你的乘客的方法，這些是我在我們公司實行過的最佳實務，成效顯著。」傑克把一張紙遞給了喬治，上頭寫著五種方法。

喬治瀏覽了一下這張紙上的內容，但很快就轉頭望向窗外，注意到他們快要到他的辦公大樓了。「顯然，我們沒有時間討論這些東西了。在這些方法當中，有沒有哪一個是我應該立刻開始採用的？」，喬治問。他想盡快做他能做的。

喬伊說：「喬治，愛比任何事情更花時間展示。這是一種過程、不是目標，愛是需

要培養的。不過，如果要我敦促你立刻開始做什麼的話，那我會建議你，先聚焦於使你的每一個團隊成員發揮出最好的一面。當你愛某人時，你會為他們盡力著想，你想要他們發光。為此，最好的做法是，幫助他們發現他們的內在價值。」

「就像那顆石頭」，喬治邊說邊點頭。

「對，就像那顆石頭，喬治。我一直在等你問我關於那顆石頭的事，你還帶著吧？」，她問。

「有，在這裡」，喬治邊說邊拿出石頭，舉起來給喬伊看。

「很好，要是你把它給丟了，我可要揍你了」，她笑著大聲說。

接著，喬伊抽出一條毛巾，在上頭倒了一些水，遞給喬治說：「喬治，現在用這條濕毛巾擦石頭，擦乾淨。」喬治擦了又擦，驚訝發現，石頭上的黑汙去除了，剩下的是一塊閃亮的金子。

「是我想的那樣嗎？」，他問。

「沒錯，兄弟，就是你想的那樣」，喬伊

回答，並且開玩笑作勢要搶喬治手裡的那塊石頭。她說：「你沒把它給丟了，你是個幸運的男人。」喬治閉上眼睛，笑了出來。

「你看，喬治，金塊上的塵土，並不會改變黃金的本質，它仍然是黃金。你的團隊成員就像他們表面蒙上了很多塵土，重點是你要知道，他們每個人的內在都是黃金、想要發光，價值潛藏在裡面。喬治，幫助他們發現他們內在的黃金，就像我幫助你發現你內在的黃金一樣。清除他們表面的塵土，幫助他們發現自身的長處。讓他們做自己最擅長的事，讓他們天天利用自己的長處。讓他們知道，當他們利用自己的長處時，他們的價值和整個團隊的價值將會增加十倍。這就是愛，讓人們在真愛中分享他們的天賦與長處。藉由愛他們、幫助他們發現他們內在的黃金，他們將會發亮，你也會一起發亮。這就是當個能量長需要做的事，當你幫助別人拿出最好的表現時，你同時也在拿出最好的表現。」

此時，喬伊不再說話，傑克也不再說話，整班巴士完全安靜了下來。所有乘客知道這意

味著什麼，喬治已經做好準備了。

喬伊面露驕傲，他們已經和喬治分享了他必須知道的事，她覺得他已經就緒，可以在產品上市簡報前的接下來兩天作出一些很好的進展。不過，她也知道，這一切遠非只是為了產品上市。她當然希望他的新產品上市成功，但是她知道，宏觀來看，他這次的新產品上市是否成功，其實並不重要。可想而知，喬治當然不是這樣看待。所以，若這次的新產品上市慘敗，她準備再次向他解釋，每件事情發生都有原因，不論他做什麼或此後他將往何處去，他現在已經有法則可以在 NRG 公司或別的地方，創造出很好的生活與事業。他有這些法則可以依循，這些法則具有強大的力量。這個星期五的產品發表會簡報，只不過是漫長旅程中的一小段。想要確實享受他的人生之旅，他還需要知道最後兩條法則，少了這兩條法則，他將遺漏有意義且豐碩人生的終極燃料。不過，喬伊心想，今天真的已經沒有時間再談論這兩條法則了，巴士正要停靠在喬治的辦公大樓的那一站，明天再談那兩條法則吧。

當喬治步下巴士時，喬伊喊道：「喬治，今天要全力以赴！記得，熱情、愛與黃金，還有，別忘了愛你的太太，她也需要。分享你所有的愛，明天，我們還要為你充電！」

喬治把手放在胸前，再移到嘴巴上，然後向喬伊和能量巴士的所有乘客送出一個飛吻，他們不知道他內心有多感激他們。他轉身，朝辦公大樓走去，準備分享愛與能量。喬伊轉頭看著傑克，傑克也看著她。

「他準備好了」，她說。

「我也這麼認為」，傑克回應。

熱情很重要，但愛才是答案。
你必須愛你的乘客。

㉗ 愛的法則

走向辦公大樓的路上，喬治瞄了一眼傑克剛才給他的那張紙，上頭敘述了五種愛你的乘客的方法。他對這些方法太感興趣了，索性在大樓外的長椅坐了下來，開始認真看。他心想，若我有愛可以施予的話，我需要今天就開始，所以我最好現在就馬上學會我能夠做的事。下列是這張紙上敘述的五種方法。

愛你的乘客的五種方法
1. 騰出時間給他們。

當你愛某人或某樣東西時，你會對他們投入時間，和他們培養關係。你無法只

是靠著呆坐在你的辦公桌前來培養事業關係，就像如果你只顧著自己看電視，無法和另一半共度優質的時光。所以，重點是走出你的辦公室，去認識你的團隊成員，花時間和他們相處，和他們個別會談。把他們當成夥伴好好了解，而不是把他們看作數字。就像照料花園，你必須用愛來培育你的團隊。和他們在一起時，請務必專注於當下，全神貫注。別去想著你必須在那十天當中做的十件事，或是你必須會見的另外十個人，你必須全心全意把精力聚焦於眼前的人，他們可以感受得到差異。

2. **用心傾聽他們。**

一個經理人獲得高評價的最重要因素之一是：懂得傾聽員工的心聲。這個經理人是否聆聽員工所言？是否傾聽員工的想法和需求？你的同事和顧客都想被傾聽，因此請認真傾聽。我們談的，不是什麼積極傾聽課程傳授的技巧，我們談

的是坐下來，用心傾聽，關心他們現在的境況。同理心是要素，當員工感覺自己受到重視、被傾聽時，他們甚至可能覺得很感動。可惜的是，羅伯・庫柏（Robert K. Cooper）的著作《高能量的生活》（*High Energy Living*）指出，研究人員估計，有超過95%的日常互動沒有這樣的感動。那麼，要如何做到好好傾聽？舉例來說，如果你問某個人過得如何時，有個很簡單的方法可以展現你認真傾聽，那就是在問完之後等候對方回應，並且和對方保持目光接觸。

3. **肯定他們。**

這不是指頒發獎品或慶功晚宴之類的，而是希望你把它做得非常個人化，敬重他們個人及他們所做的事，認可他們不僅是一位專業人員，更是一位很好的夥伴。我們認識的一位領導人，對每個員工發送親筆手寫內容的個人化生日賀卡。雖然不是每家公司都能夠做到這件

事，但是每個經理人都可以對自己的團隊這麼做。另一家公司授權員工為他們的新產品挑選通用產品代碼（UPC），員工可以選擇用他們的生日、紀念日、孩子生日等等的特殊數字組成的代碼，讓工作的一部分變得很個人化。另一種很給力的肯定方法就是，每當他們把事情做對做好時，就給予讚美。你愈常肯定他們把事情做對做好，他們就會愈常把事情做對做好。一樣的道理，餵食他們內在的那隻正面的狗，那隻正面的狗就會持續成長茁壯。

4. **照顧他們／服務他們。**

一位優秀的領導人曾經這麼說：「你在組織中的職位愈高，你照顧部屬的職責就愈大，而不是讓部屬來照顧你。」重點是照顧他們的成長、關心他們的前途、培養他們的資歷，以及留意他們的精神和心情，讓他們享受工作、生活，以及搭乘你的巴士。你愈是照顧他們的

成長，他們就愈能夠幫助你成長。

5. **幫助他們拿出最好的表現。**

我們把這個方法留在最後，因為它最重要。當你愛某個人時，你會處處為他們著想。你希望他們成功、快樂，你想要他們有最好的表現。因此，所有領導人都可以用來展現他們對團隊的愛的最佳方法，就是幫助團隊的每一個人發現長處，並且提供機會，讓他們可以好好利用自己的長處。建立一套讓你的部屬發光發熱的制度，這樣不僅能使他們發揮最好的一面，也會使整個團隊及公司把最好的一面發揮出來。若你真心想要愛你的團隊，幫助他們做他們最擅長的事，就是這麼簡單。

28 憂懼與信賴

喬治走進辦公大樓，充滿雄心壯志，彷彿這棟辦公大樓是他的。他準備好去愛他的團隊，激勵他們。但是，走向電梯時，想到眼前巨大的挑戰，自我懷疑又如同往常那樣，從後面露出醜陋的面孔。他心想，要是他們不回愛我呢？愛得不到回應，這種事情又不是沒有發生過。要是我無法激勵我的團隊呢？要是我無法激勵我自己呢？要是這一切都已經太遲了呢？喬治充滿憂懼，他覺得好像有人擺好架式，往他的胃部揍了一拳。他彎腰前傾，無法呼吸。他望向大樓的窗外，當然巴士早就開走了。他知道，喬伊和傑克告訴他的，都是非常正確的真理。但是，要實踐它們，完全是不同的一碼事。卡在

知行之間，喬治被憂懼給癱瘓了。

電梯門打開、又關上，喬治站在那裡，一動也不動。在喬伊的巴士上，他感到安全，但現在，他覺得自己像一個被鐵鍊栓住的鬥士，即將被丟進裡頭有一群獅子的籠子裡，那些獅子才不管什麼巴士法則。他的心思完全被他的負面思想占據，以至於沒有注意到一個熟悉的敵手站在他的面前，緊張、發抖。

麥克先開口：「喬治，我知道我辭職了。我知道我跟你說過，你的巴士即將發生車禍。不過，我後來想了很多，潔米打電話給我，說你的巴士已經啟動了。她說，團隊一直在討論，她說你好像變了一個人，大家都很振奮。我來這裡，是想請求你再給我一次機會，喬治。我知道，我能夠幫助這個團隊，我知道我能夠幫助你。」試著喘口氣的喬治把腰桿挺直，心想：再給麥克一次機會的話，會不會是大錯特錯呢？他可能仍是能量吸血鬼，但是他們現在確實用得到他。喬治想起讀過一篇有關理查・布蘭森（Richard Branson）的文章，他給他的一名員工第二次機會，結果那個傢伙後

來成為布蘭森最信賴的領導人之一。喬治的憂懼漸漸消散，他現在思考得更清楚了。他說：「行，我再給你一次機會。但是，我需要你成為一個能量長。」

「能量啥？」，麥克問。

「上樓後，我會解釋。你只需要為很棒的一天做好準備。」

電梯門打開後，麥克走了進去，問道：「你要進來嗎，喬治？」

「我一會兒就上去。」

「感謝一切」，麥克神情真誠謙遜地說：「我不會讓你失望的。」電梯門開始關上，喬治回應：「很高興你回來。」

喬治朝外看著能量巴士讓他下車的那個地方，回想剛剛發生的事。喬伊剛才談到尋找指示，讓它們為你指引前路，喬治不禁思忖，麥克是不是一道指示？

麥克請求他再給一次機會，這也許意味著喬治的團隊準備好追隨他。他再給麥克一次機會，這意味著他已經做好領導及愛團隊的準備。麥克曾經是一道不小的阻礙，但是這樣的

變化也許意味著阻礙正在化解。喬伊說過，要走在正確的道路上，也許他正走上正確的道路，一切都陸續就位，為他的巴士清理前路。瞧，就像電影或夢中的情境般，麥克剛才適時出現，喚醒喬治，幫助他甩脫了他的憂慮。就在他們最需要他的時候，這個「吸血鬼」請求重回團隊。

這讓喬治想到他那晚作的夢，現在一切都變得清晰了，那個夢也是一道指示，讓他懂得信賴。他是他的巴士的司機，他可以有所選擇。決定停下來、信任麥克，抱持信賴繼續前行，這是一種選擇。抑或是，繼續被憂懼癱瘓，這也是一種選擇。沒錯，他可能奔向他的事業毀滅，他的巴士很可能發生車禍，但是他可以選擇——選擇相信一切將會迎刃而解，或是選擇現在就退出。傑克告訴他，能量長憑藉信賴與樂觀，勇往直前，克服挑戰，喬治決心這麼做。他知道，憑藉信賴，他會善用「終極GPS系統」（God's Positioning System，上帝定位系統），這套系統將持續指引他，就如同這一路走來，這套系統都一直在提供指引。他不能

輕忽指示，它們全都指出正確的方向，一路都是綠燈，告訴他可以通行。喬治心想：我不要再憂懼了，我不要再讓憂懼阻礙我，畢竟只有「信心之躍」（a leap of faith）一詞，沒聽說過「畏懼之躍」（a leap of fear）的，這不是沒有道理的。他告訴自己：若我能信賴上帝、信賴自己、信賴我的團隊，他們就能夠信賴彼此、信賴我。他先前感受到的憂懼，現在已經轉變成信心，信心已經轉化成決心。喬治步入電梯，他現在是真正做好了準備，為他的人生躍進。

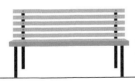

尋找指示，讓它們為你指引前路。
選擇相信一切將會迎刃而解。

29 第二天

離巴士站還剩幾個街區，喬治氣喘吁吁地奔跑，他不敢相信自己竟然沒有聽到鬧鐘響。他和荷西及麥克在辦公室忙到凌晨三點，沒睡多久。今天已經是星期四了，離他此生最重要的一場新產品發表會簡報只剩下一天，他現在比之前更需要和喬伊及傑克談談。眼看著巴士開始離站，喬治狂奔上前，邊跑邊拍打車窗，試圖引起巴士上的人注意，但是沒有人聽到，巴士開走了。

他回到巴士站的長椅上坐下，感到疲倦又沮喪。他沒法告訴他們昨天有多棒，他的團隊對他的熱情作出極佳的反應。他想告訴他們，他昨天召開了一場團隊會議，談到何謂「能量長」。

他跟荷西開了會，告訴他，如果自己沒被

29

第二天

207

開除的話，就會給他加薪。更重要的是，他告訴荷西，不論接下來發生什麼事，他都會一直當荷西的導師，為他提供資源。喬治和他的團隊分享愛，他能看得出他們感受到了，團隊非常有活力，大家踴躍交換意見。他們在一天當中完成的事情，比他們之前整個月完成的事情還要多。

　　喬治唯一擔心的是，沒有更多人和他一起加班。他們今晚必須再加班，把產品發表會簡報要用的東西（圖表、音效、整個流程）處理得更好。他需要再多兩位團隊成員留下來加班，他需要諮詢喬伊和傑克他該怎麼做，可是他居然沒趕上巴士！喬治試著抱持正面的心態，心想：那好，我就等下一班巴士吧！可以好好利用這段時間想想解決辦法。他已經變成正能量的信徒，學習不讓小小的挫折搞壞他的心情。信賴──他不斷告訴自己，照著喬伊上星期教他的，聚焦於自己的呼吸。

　　當喬治抵達他的辦公室後，驚訝地發現他的桌子上放了一封信。他打開信，禁不住露出微笑，這封信來自喬伊。

喬治，別以為我邊開車邊寫信，我沒那麼
行啦，是珍妮絲幫我寫的。我們發現你今
天沒搭巴士，傑克猜想你可能加班到很
晚，為產品發表會簡報做準備，今天早上
會晚點到公司。我們直覺你此刻很需要知
道法則#9，馬提負責把這封信送到你的辦
公室。法則#9是這個：

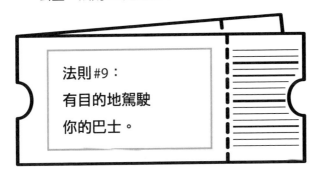

法則#9：
有目的地駕駛
你的巴士。

　　喬治，目的是我們人生旅程的終極燃
料。當我們有目的地駕駛我們的巴士時，
我們就不會感到疲倦或乏味，我們的引擎
不會失去動力。我知道，你大概為這次
的產品問世而振奮，你確實應該如此。但
是，你也必須問自己，新產品上市後，有
什麼能夠激勵你的？一不留神的話，這世
上的任何一種工作，都可能變得陳舊乏
味，縱使是職業運動員或電影明星的工作
也不例外。目的讓工作保持新鮮感，我給
你舉個例子。

有個小故事說，有一天，美國總統詹森（Lyndon Johnson）參觀美國航太總署，走著走著，看到一名清潔工在清理暴風雨後的殘跡，他手上的拖把揮動得猶如勁量電池廣告中的勁量兔那麼有勁。

詹森總統走上前去，告訴那名清潔工，他是他所見過最棒的清潔人員。那名清潔工回答：「總統先生，我不僅是個清潔工人，我還幫助把人送上月球。」明白吧？喬治，儘管他是在清理地板，他對他的生活懷抱一個更大的目的和願景，這是他的動力來源，幫助他持續在工作上表現傑出。人們稱呼我為「巴士司機」，但我認為我的目的遠遠不僅於此，我是一個能量大使兼教練，幫助人們改變他們的能量與生活。日子久了，開巴士的工作鐵定變得很無聊，每一種工作都是如此，但是知道我拯救了人們的生活，也好奇我今天將會觸及誰的生活，這為我持續提供動力，能量源源不絕。這也是我的乘客留在我的巴士上的原因，因為我有目的地駕駛我的巴士。當你以目的作為燃料時，你會在單調乏味中找到興奮，在每天的生活中展現熱情，在平凡中發現不凡。生活就是為了目的，人人都試圖找到他們的目的，其實你只需要在當下找到更大的目的，你的目

的就會自然地找到你。

公司再也沒有精神，是因為在這些公司工作的人沒有精神。不幸的是，有太多公司太能創造出削弱員工能量與精神的文化及制度了。就像傑克說的，他們當時納悶為何他們會有士氣低落、員工離職率高、負面消極、效能差等等問題。很多領導者只有在有大專案或截止期限或可能丟飯碗的時候才會動起來，喬治，別變成那樣的領導者，因為那不會持久的，也不會把你帶向傑出卓越。好好培養精神，用目的作為燃料，讓飽滿的元氣灌在你的團隊。在新產品上市前，找到更大的目的和願景，此後讓它作為你和你們團隊每天的燃料。我無法告訴你，你們的目的和願景是什麼，只有你自己能夠決定。

切記，你是這輛巴士的司機，你擁有最佳視野，你必須向你的乘客溝通你的願景和目的。一旦你找到更大的目的和願景，請務必與你的團隊分享。一旦他們成為你們更大的目的和願景的一分子，他們就會為你工作得更賣力、更久。

傑克要我轉告你，在學到這條法則之前，他在重大說明會前，總是獨自花太多長夜辛苦工作。所以，切記，今天和以後的每一天，都要有目的地駕駛你的巴士，

和你的團隊分享你的目的。他們不僅會在巴士前行時留在巴士上，當巴士不慎故障時，他們也會下去幫忙推車。分享目的，將保持團隊的活力與團結，所以請分享目的，喬治。

喬伊

看完信之後，喬治不禁微笑搖搖頭。不到兩週前，他的車子爆胎了，煞車片完全磨損了，現在他錯過巴士後，仍然收到法則 #9，喬伊和傑克提供了他尋求的解答，他們彷彿未卜先知般，知道他今天要問什麼問題。當然，他仍然還有一道需要釐清的問題，那就是他的更大的目的與願景究竟是什麼？他心想，燈泡這種東西難以振奮人心。再看看喬伊的信，發現還有一頁沒讀，他把這頁抽到最上頭，發現這頁是馬提寫的，不禁笑了出來。

嗨，喬治，我是馬提。有項研究把兩支飛機設計團隊分開來，其中一支團隊看到最終產品的一個模型，他們被賦予一個願景：打造有史以來最快速、最新、最先進的飛機。另一支團隊被分成多個小組，每個小組負責設計一部分，所有小組都不知

道最終的設計和願景。不意外地，有願
景、知道他們在打造什麼的那支團隊的賣
力程度和工作時間長度是另一支團隊的兩
倍，完成設計所花費的時間僅為第二支團
隊的一半。我想，應該讓你知道這個。

馬提

這下，喬治有靈感了，真是太棒了！如果
馬提現在在他的面前，喬治一定會給他一個大
大的擁抱。呃，就算不擁抱，也必定跟他擊個
掌。喬治召集他的團隊到會議室開會，他打算
和他們分享他的想法。他的團隊已經上了他的
巴士，現在他想要他們用目的、願景和激勵來
驅動巴士持續前進，他希望他的想法能夠奏效。

目的是我們人生旅程的終極燃料。
當你以目的作為燃料時，你會在單調乏
味中找到興奮，在每天的生活中展現熱
情，在平凡中發現不凡。
今天和以後的每一天，都要有目的地駕
駛你的巴士。

⑳ 團隊受到激勵

喬治決定變通一下，不是告訴團隊他的更大目的和願景，而是讓團隊一起想出一個共同的目的和願景。他認為，比起被告知他們的目的和願景應該是什麼，不如由團隊共同訂定目的和願景，這樣更有效、更有意義，激勵作用也更大。果不其然，喬治向他們解釋了喬伊之前分享的幾個例子後，他們馬上接續，來來回回交流想法，就像乒乓球賽般，會議室裡活力四射，潔米在白板上寫下他們所有的點子。

經過一小時和後來的許多討論，他們把範圍縮小到所有人（包括喬治在內）都贊同的三個核心理念。今後的每一天，他們將不只是一支把新燈泡推到市場上的團隊，他們將是一支

這樣的團隊：

1. 致力於追求卓越，產生優異點子、優異行銷行動，以及優異成果。

2. 以目的和活力，致力於培養能量長，不僅在團隊內，也在全公司分享正能量。

3. 照亮他人。他們將不再只是製造燈泡的人，他們將把自己視為照亮他人的人。他們的燈泡幫助孩子在睡前閱讀，幫助老年人在夜晚找到他們的藥品，幫助在職家長早起工作，幫助大學生念書準備重要考試。他們的工作是照亮房間，以及照亮每一個打開電燈、受益於燈光的所有男女及小孩的生活。

喬治注意到，會議室裡的能量有所改變。在會議一開始時，他們全都看起來很興奮，但是現在有個部分變得很不一樣：每個成員不再是試圖比他人耀眼，而是改為一起合作，對集體作出貢獻。他們擺脫自我意識和個人議程，內鬥消失了，他們現在受到目的和願景驅策，貢獻於比自身更大的東西。就像一組成功的搖滾樂團，每個團員演奏一種不同的樂器，神奇

合奏出一首美妙動人的曲子；他的每一個團隊成員演奏各自的部分，合奏成為美妙的音樂。他們充滿活力、和諧同步，快速變成一支團隊。他們全部都在喬治的巴士上，擁有共同的願景和共同的目的，他們的集體強大正能量全部聚焦於同一個方向。

那天凌晨兩點，喬治環顧辦公室，知道他的想法已經奏效。他知道，喬伊和傑克說得沒錯，他再也不需要獨自在夜裡加班了。他的團隊不僅上了他的巴士，還一起下車合力推動車子前進。當喬治發現，團隊的所有成員都留下來和他一起加班，為新產品上市簡報做最後準備，他露出了燦爛的笑容。是的，他們上了他的巴士，他們是一支充滿活力、目的導向的團隊。這是好事，因為明天就是決戰日，這將是他們職涯中最大的勝利，抑或是最痛苦的失敗。

㉛ 決戰日到來

終於到了星期五，決戰日到來。不到兩週前，喬治認為這天將是他在NRG公司職涯的終點，但現在他希望這天是一個新的開始和一個新機會，讓他能夠分享他在能量巴士上學到的所有法則。此時的他，應該已經很疲憊了，但是他並不覺得特別累。剛才離家上班時，太太給了他一個大吻，他心情大好，知道不論工作上的情況如何，他們的婚姻已經重返正軌。兩個孩子對他展現的愛與正面改善也有非常好的反應，就連狗狗也很開心受到更多的寵愛。倘若他丟了工作，他們的日子或許會暫時變得窮苦一點，但至少全家人還在一起。有天晚上，他太太問他，以前那個壞脾氣的喬治，怎麼會改變這麼

多？聽到這個，他很開心。他太太說：「我覺得彷彿再次遇上了當年我愛上的那個男人。我不知道你先前跑去哪裡了，但是我很高興你回來了」，他聽了很感動，給了她一個大大的擁抱。

坐在公車站的長椅上，喬治心想：是啊，我回來了，我絕對不想再回去之前去過的那些地方了。不過，他也無法想像會再回到從前，因為喬伊已經用正能量感染了他，他會盡一切所能保持正能量持續流暢。

喬治看了一下手錶，注意到巴士有點遲到了。他很期待再見到喬伊、傑克、馬提和其他乘客最後一次。今天下班時，他的車子就會修好了。如果他成功保住了工作，從今以後，他將開車上班了，節省時間和巴士車資。之前，他沒有想過這一點，但現在突然想到，今天將是他最後一天搭乘喬伊的能量巴士，他想到自己以後將會多麼想念他們，甚至是馬提。喬伊的巴士進站，最後一次搭載喬治。

巴士車門打開，一個男人邊下車邊自言自語，但聲音夠大，其他人聽得到：「太幸福了，不必發愁。」那個男人轉身，向喬伊喊

道：「謝謝，喬伊！」

「別忘了，太幸福了，不必發愁！」，喬伊對他喊道。

喬治心想，這又是另一個能量轉換吧。他微笑著步上巴士，車上的所有乘客大聲鼓掌歡迎他。

「我們全都知道今天是什麼日子，喬治。我們想要你知道，我們今天全部都會在你的身後傳送正能量給你」，喬伊說。

喬治為昨天收到的那封信，向喬伊、傑克及馬提致謝，並感謝能量巴士上的所有乘客在過去兩週給予的支持與鼓勵。他告訴他們，昨天白天和晚上在公司渡過了很棒的一天，以及法則 #9 如何改變了一切。「謝謝你們都在我的能量團隊裡！」，他向大家喊道。

「你今天感覺如何？甜心」，喬伊用慈母般的口吻問他。

「我感覺很好，團隊已經就緒，我也準備好了。當然，我還是會緊張啦，但是誰沒有緊張的時候呢？」

「是啊，喬治，誰沒有緊張的時候呢？這是

憂懼的一種徵象，我們全都有憂懼，但成功之鑰是你的信賴大過你的憂懼。稍微憂懼是好事，憂懼是弱能量，會逐漸耗盡。信賴是高辛烷值燃料，它會把你的巴士帶往必須前去的地方。」

「我喜歡妳剛才說的話」，喬治回應。他知道，「信賴」是他的生活中一再出現的一個主題。

「就像我告訴剛才下車那位男士的，我們所有人都太聚焦於令我們發愁的事，以至於忘了我們應該感恩的事。所以，你今天去那場會議時，無須緊張發愁，要感到幸福。感恩這些年來在那麼多人失業時，你擁有這份工作。要感恩你有一支團隊和家人在支持著你，甚至要感恩你能走、能說。若你開始細數你的福氣，你會發現，它們比天上的星星還要多。當你感覺自己有福氣，就不會有時間去發愁了。這種感激之情將為你今天的表現加油，它會振奮你，使你堅持到終點。」

喬治環顧整輛巴士，注意到所有人都在認真聆聽喬伊說的每字每句，他們跟他一樣，非常喜愛喬伊。他注意到坐在巴士中段的一位年長男士，他以前沒有見過這個人。那位長者體

型纖瘦，戴著一頂帽子和一副眼鏡，滿臉的皺紋是漫長歲月刻下的痕跡。像這樣的老年人，只要你願意花時間傾聽，他們會向你述說他們的人生閱歷與心得。和喬治目光接觸時，那位老人的眼神亮了起來，喬治向他點頭致意，老人摘下帽子，點頭回禮。

喬伊從後視鏡看到他們的互動，心想：真好，當我們需要時，合適的人總會適時出現在我們的巴士上！

「我向你介紹，這位是艾迪」，她對喬治介紹那位年長者。「艾迪和我是在我父親住的養老院認識的，他的太太也罹患阿茲海默症。很不幸，艾迪的太太過世了，艾迪非常難過。但是，經過一年的悲痛，他現在已經走出來了，重新過日子。在我看來，他現在比我認識的多數二十幾歲年輕人更有活力、更忙碌。艾迪，請告訴他，你現在多大年紀了？」

「八十八」，艾迪說。

「沒錯，喬治，他八十八歲了。天天彈鋼琴，寫詩，搭火車到全國各地拜訪親戚，回到家後，就搭乘我的巴士，結識新人，去新的地

方，做新鮮事。艾迪教我人生的祕訣，這個祕訣就是：**人生的目標就是要活得年輕、玩得開心，盡可能愈晚抵達你的終點，並且帶著微笑抵達終點**。這真是太給力的一課，對我的人生影響至大，因此我把它奉為法則#10。丹尼，請拿給他看。」

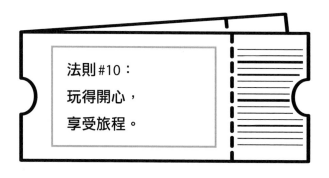

法則#10：
玩得開心，
享受旅程。

「你知道我說的終點是什麼，對吧，喬治？所有人都會抵達終點，我們全都在朝著終點前進，但重要的是，我們在抵達終點前的旅程中享受了多少，畢竟我們只有一次人生和一趟人生之旅。這可不像迪士尼樂園，我們只有一趟人生之旅，所以最好盡情享受。」

「太多人以為他們永遠都會有明天，把生活全力投入於累積財富、資產、權力，但是在

他們的人生巴士旅程結束時，這些全部都帶不走。既然都帶不走，幹麼汲汲營營於這些呢？太多人為了太多沒有意義的東西緊張與發愁，拚了命地要保護自己的地盤。你看那些新聞，連國家都為了國界爭論不休，要是人們能夠醒悟整個宇宙都是我們的家園，那就好了。既然你能主張宇宙是你的，又何須為了小小的一片領土而爭鬥呢？任何時候，我們都能靠著享受人生之旅來擁有一切，但是很多人卻聚焦於微小的東西，而不是選擇過寬宏的生活。他們煩惱升遷、各種截止日期、電子郵件，為了芝麻綠豆小事而和同事及家人爭吵，卻忘了他們可能不會再有新的一天。」

「他們的巴士行經人生，但是他們沒能去看周遭的美景。想想看，你死去的那天，你的收件匣中仍有三、四十封未回覆的電子郵件，你的電子郵件永遠也回覆不完，所以何不放輕鬆一點，深呼吸，好好享受旅程呢？馬提，請跟他講那個對九十五歲老人的研究。」

馬提立刻興奮回應：「我超愛這項研究的。他們詢問一群九十五歲的老人，呃，我不

知道他們是在哪裡找到這些老人的，我猜，可能是在佛羅里達州吧。反正，就是研究人員詢問那些老人，如果人生能夠重來一次，他們會作出什麼改變？近乎所有受訪的老人都說了三件事：（1）他們會更常省思，享受更多的時刻，更常欣賞日出與日落，享受更多的喜樂時刻。（2）他們會冒更多的險，嘗試更多的機會。人生太短，應該多冒險與嘗試機會。（3）他們會留下遺贈，亦即在他們死後仍然長存的東西。」

「現在，你明白我說的意思了吧？喬治。向艾迪學習。向那些九十五歲的老人學習。別過完人生徒留遺憾，別在日後回顧時，懊悔說我應該做這做那。就像有百利而無一弊那樣，勇敢、熱情地面對生活與工作。就像耶誕節早上的孩子們那樣，總是樂觀興奮於你將收到的禮物。別因為壓力憂愁而感受不到幸福。別拿你的巴士的成就和別人的巴士相較，享受你的旅程就夠了。你今天要去做簡報，你踩油門，勇往直前，玩得開心，就這樣。若你的簡報令大家驚豔、博得讚美，你仍要繼續保持天天有

目的，並且開心地生活與工作。記住這一點並不難，你只需要記得我這個至高喜樂者喬伊就行啦！」，她抬頭大笑：「天哪，我知道，我有時會顯得有點狂妄自大。」

當能量巴士接近喬治的辦公大樓時，喬伊轉頭看看安靜不語的喬治，告訴他：「至於遺贈，記住一點，你能留下的最佳遺贈，不是什麼以你的姓名命名的大樓或璀璨珠寶啥的，而是一個因為你的存在、你的愉快，以及你的正面行為而受到影響與感動的世界。」

巴士靠站停了下來，在喬治下車之前，乘客一一和他擊掌、握手、擁抱。傑克給了喬治一張名片，讓喬治打電話告訴他簡報結果，因為巴士上的所有人都想知道。當然，給他最大擁抱的是喬伊，當喬治走下車後，她站在車門口最高階說：「今天，就看你的了，喬治。這是你的人生，就像我先前告訴你的，你上了我的巴士是有原因的，原因就是為了今天，以及今後的每一天。」

喬治走進辦公大樓時心想，這有可能是他以NRG公司員工身分走過這些門的最後一天，

也有可能是他擔任「能量長」這項職務的頭一天。不到兩小時後，他就會知道自己的命運，但不論結果如何，他相信他的巴士正朝往正確的方向，他準備好享受接下來的旅程。

人生的目標就是要活得年輕、玩得開心，
盡可能愈晚抵達你的終點，並且帶著微笑
抵達終點。

32 產品發表會預備簡報

　　高層主管圍繞著會議桌而坐，他們預期這將是一場一塌糊塗的簡報。早年，他們對喬治寄予厚望，但是他的表現愈來愈糟，今天應該是他在公司的最後一天了，今天將是最後一根稻草。公司將在一個月後，正式推出新產品NRG-2000，今天的這場簡報將決定這支產品團隊是否步入正軌，或是一如既往地四分五裂、雜亂無章。他們很可能會撤換掉喬治，讓一位資深主管來領導這支產品團隊。NRG-2000是公司的下一項重大產品，他們寄望這項新產品把公司的營收推升至歷史新高，他們當然不能把公司的未來寄託在喬治身上。

　　喬治站在會議室前方，雙眼直視著他們，

他能看出他們的否定與懷疑，他知道他們預期他將會崩潰、失敗。他心想，他們當然會這麼預期了。他的心跳開始加快，他發現自己無法思考，開始心生畏懼……，他心想：不行，我不能讓他們擊倒我。

他想起，喬伊曾經告訴他，他的正能量必須大過任何人的負面態度，一想起這個，他的腦海中也浮現了一張笑臉正在注視著他，他想到了喬伊。喬治深呼吸，整個人平靜了下來，心想：他的人生必然會遭遇更多的失敗，但不是今天，今天不容許失敗。

在座的高層主管們本來預期這會是一場一塌糊塗的簡報，但喬治和他的團隊作出了他們所見過的最棒的產品發表會簡報之一。喬治的巴士在場繞了一圈，會議室裡的主管全都跳上了他的巴士。

簡報結束後，喬治和他的團隊成員彼此擁抱。主管們帶著愉悅、震驚的表情，湧向喬治，他們想知道他怎麼會有如此棒的表現？喬治告訴他們：「我決定，該是時候我不再只是當個經理人了，我應該開始當個能量長了。」

他們不明白他在說什麼，但是這不打緊，反正喬治哪兒都不去，他現在得先和他的團隊集合，以後有的是時間可以向這些主管們解釋如何上他們的能量巴士，以及如何培育更多的能量長。他想，今天就稍微放鬆一點吧，讓他的團隊休息一下，讓他們知道他有多麼感謝他們所做的一切。他們今天在九局下半滿壘的情況下，轟出了全壘打，值得慶祝。

但有趣的是，當喬治告訴他的團隊，他們全都可以提前下班時，居然沒有一個人想提早離開。他們全都想和喬治以及整個團隊一起慶祝，他們想要一起品嚐勝利的甜美，一起感受能量滿滿的時刻。喬治開始了解到，一支全心全意共同投入於一項計畫、一起努力朝向共同目的邁進的團隊，自然想要一起慶祝。他們達成了不起的事，他們把工作做得很好，值得一起享受榮光。他不能拒絕他們，他們是他的團隊，現在他比以往更愛他們，所以他作東，邀請他們共進午餐。一整個下午，他們一起吃喝玩樂，進行了一場非正式的團隊建設活動。他們談論今天的成功，以及打算未來將如何繼續

成功。他們知道他們的巴士將開往哪裡，他們都很興奮留在巴士上。

33 喬伊／喜樂

喬治趕在修車廠即將打烊的最後一刻來取車。他一邊回想他和他的團隊中午共度的美妙午餐時光，一邊走向修車廠的櫃台，向站在櫃台邊的年輕女士打招呼。她一頭紅髮，神情甜美，看到她胸前的名牌，喬治忍不住笑了出來，她的名字是喬伊（Joy）。「什麼事這麼好笑？」，她問。

「沒什麼啦」，他回答：「我喜歡妳的名字。沒別的意思。」接著，他抬頭望向天花板，說了句「謝謝」。果然，生活中處處有指示，眼前的這項指示很清楚，他想起不到兩週前，他咒罵生活中發生的種種倒楣事兒，但現在一切都站在他這一邊，一步步地指引他前行。他領悟到，不論好事壞事，每件事引領他

走到此刻。若不是車子爆胎了，他永遠不會認識喬伊；若他沒有經歷工作上的所有逆境與挑戰，他可能永遠都不會想要學習用更好的方法來領導他的團隊。

現在，他的事業和前景比他過去能想像的更為光明。若不是他的太太揚言要離開他，他永遠不會意識到情況有多糟，以及情況可以改變成多好。他領悟到，以前他認為的那些倒楣事兒，把他引領到如今的好境況。喬伊告訴他，每件事發生都有原因。在歷經那些事情的當兒，他看不出什麼原因，但如今回頭看，一切都非常顯然。

人生就是一場考驗，每一個逆境幫助我們成長。負面事件和負面的人，使我們認知到我們不想要什麼，於是我們把心力聚焦於我們想要的。喬治，要知道總是會有新的挑戰出現，他在心裡提醒自己：下次在工作上遭遇到問題時，不要讓問題像龍捲風似地把自己搞得筋疲力盡、人仰馬翻。他會自問：「我能夠從這項挑戰中學到什麼？這項挑戰教導我什麼？」他會保持正面積極，相信從挑戰中學到的教訓與

啟示，將會使他變得更強大、更有智慧、更好。

櫃台後方的那位女士遞給他車鑰匙說：「好好享受（enjoy）駕馭你的車子吧，先生。我相信你很高興取回車子。」

喬治向她道謝後，朝外走向他的車子，「享受」一詞徘徊他腦際。他心想，真奇妙啊！「喜樂」不斷出現在他的生活中，喜樂流經他全身，對他的內心說：別太聚焦於你遭遇到的事，只要從那些過往學習就行了；也別聚焦於未來，因為未來是由現在當下所創造的。他在內心低語：應該聚焦於眼前的路，保持抬頭挺胸，保持內心充滿喜樂。此時的喬治領悟到，他在過去兩週學到的教訓當中，最重要的一項就在他眼前，這不是經由述說出來學習的一課，而是要親身體驗與感受的一課。他知道，不論他的能量巴士載著他前往何處，不論前方有什麼路障，他只需要牢記：讓喜樂流經他，品味他的旅程中的每一哩和每一個時刻。若他用喜樂填滿他的生活、他的工作及他的家庭，他的人生之旅將有多棒啊。有了喜樂，一切都會運作得更好、更輕鬆。

開著新修理好的車子回家的路上，喬治對自己許諾，他將在自己所做的每一件事中品味與體驗喜樂。他告訴自己，不論是在公司做一項專案，或是在家裡和孩子們共處，他將自問：「此時此刻，喜樂何在？我感受到了嗎？此時此刻，我如何能夠體驗到更多的喜樂？」他在喬伊的巴士上體驗過這種感覺，從今以後，他要使喜樂的感覺變成他的巴士的永久乘客。

喬治拿起手機，打電話給他的母親。她剛做完最新一回合的化療，喬治知道喜樂此時對她有所幫助。他想告訴她，不論她還有六個月或六年的生命，享受每一刻就是了。他想告訴她，品嚐每一秒的喜樂，用愛、而非恐懼去填滿艱難時刻，以及此後生命的每一天。他希望他自己的喜樂，多少能夠幫助減輕她一點憤怒與痛苦。但是，當他的母親接起電話時，喬治知道，他不需要說這些，因為這不是他能夠用言語去分享傳授的東西，而是她自己必須去體驗的。他知道，他只需要發自內心深處說這個：「我愛您。」

品嚐每一秒的喜樂，
用愛、而非恐懼去填滿艱難時刻，
以及此後生命的每一天。

搭乘這班巴士更有趣

星期一早上，11號巴士靠站停了下來，喬治跳上車，給了喬伊一個大大的擁抱，然後向巴士上的所有乘客喊道：「我們成功了！簡報非常成功！」乘客高興大聲歡呼，喬治一一和傑克、丹尼、馬提和其他乘客擊掌，然後從他的公事包取出一張大大的標語。

「那是什麼？甜心」，喬伊問。

「這是一張新的公告」，喬治回答：「想讓人們學習10條法則，就該讓他們能在你的巴士上清楚讀到這些法則。妳原本那張公告是手寫的，已經不易辨讀，所以我想給妳這張又大又清楚的公告，好讓妳能夠繼續像幫助我那樣幫助其他人。」

「你人真好，好體貼，喬治。看看那些反白的粗體字，多漂亮啊，這些法則看起來很棒。」

「我們把它張貼出來吧！」，坐在後面的馬提說，其他乘客也贊同。

於是，他們把喬治製作的公告張貼好，它驕傲地宣布能量巴士法則，所有未來的乘客和駕駛都能夠清楚看到這些法則。

這十條法則改變了喬治的人生，巴士上的所有人知道，這只是剛開始而已。喬伊知道，還會有更多的喬治和珍妮絲步上她的巴士，她準備迎接他們，幫助他們。

「喔，喬治，我想讓你知道。從今以後，搭乘這班巴士的人會知道你的故事喔」，喬伊邊說邊指向那張新的公告：「當你開著你那輛花俏的車子去上班時，你的耳朵將會發癢，因為我們會向他們講述製作這張公告的男人的故事，分享他如何勇敢地走過陰暗，找到他的光明。我們會講述你的成功故事喔，喬治。」

「喔，那很好啊」，喬治回應：「我感到非常榮幸。不過，如果你們要談論我的話，得在我的面前講才行喔。嘿嘿，我想，你們可以說

我改變心意了吧。因為我已經決定，從今以後要搭巴士上班。開自己的車去上班是很棒，不過搭乘這班巴士更有趣！！」

「沒錯，搭巴士更有趣」，喬伊邊說邊向喬治露出燦爛的微笑，喬治回以微笑。喬伊踩下油門，巴士開往下一站。某處有某個人正在等候能量巴士呢！他們上了這班能量巴士，不需要花多長的時間就能夠學到喬治現在已經學會的東西。

能量巴士一定會來載你，教你學習體驗你的人生之旅。

人生之旅的10條法則

1. 你是你的巴士司機。

2. 渴望、願景、聚焦，讓你的巴士開往正確的方向。

3. 為你的人生旅程注入正能量作為燃料。

4. 邀請其他人踏上你的巴士，分享你的前路願景。

5. 別把你的精力（能量）浪費在那些不上你的巴士的人身上。

6. 張貼告示：你的巴士上不准有能量吸血鬼。

7. 熱情吸引更多乘客，並在旅程中鼓舞他們。

8. 愛你的乘客。

9. 有目的地駕駛你的巴士。

10. 玩得開心，享受旅程。

能量巴士行動計畫

《能量巴士》
行動工具

你可以利用能量巴士法則來建立一支正面積極的高效能團隊，不論是企業、組織、學校、教會、球隊，甚至家庭，都可以運用本篇介紹的簡單、有效的方法。

步驟1：訂定你的願景

召集你的團隊，花時間一起為你的巴士想去的地方訂定願景。你可以先向他們提出一個願景，請他們提出意見，或者你們可以從白紙出發，一起訂定願景。你們可以訂定一個或數個願景。

詢問及思考下列問題：

• 我們的目標是什麼？

- 思考與想像未來，我們看到什麼？
- 我們希望達成什麼？

步驟 2：連結目的來加速前往你的願景

訂定願景時，把你的願景和一個更大的目的連結起來。

思考目的時，詢問下列問題：

- 我們的願景將如何有益於團隊個別成員的成長？
- 我們的願景將如何造福他人？
- 我們可以為什麼偉大的事情而努力？
- 我們支持與擁護什麼？
- 我們可以如何創造改變？

步驟 3：寫下你們的願景／目的聲明

把你們的願景和目的結合成一項有力的願景聲明，寫下來。

步驟 4：聚焦於你們的願景

- 拷貝一份你們的願景／目的聲明，交給你的團隊。

- 鼓勵每個團隊成員每天重溫願景。
- 請每個團隊成員每天利用10分鐘，想像團隊達成願景的情境。

步驟5：對準焦點

- 釐清你的團隊必須達成哪些目標，才能實現你們的願景。
- 把這些目標寫下來。
- 釐清為了達成這些目標所需採取的行動步驟。
- 把這些行動步驟寫下來。
- 給每個團隊成員一份這些目標和行動步驟。

步驟6：登上巴士

- 想一想還需要誰搭上巴士，以幫助執行行動步驟，達成你和你的團隊訂定的目標及願景。
- 邀請他們搭上巴士。請造訪www.theenergybus.com，用電子郵件寄出電子巴士車票給他們，或是親手遞交列印

出來的紙本車票給他們。

步驟7：用正能量及熱情作為巴士旅程的燃料

- 天天用正能量來吸引與激勵你的同事和
  夥伴，避免消極負面趁虛而入。
- 結合使用培養正能量文化的實務與流程。
- 有興趣的人也可以造訪www.jongordon.
  com，進一步了解已經證明有效的解方
  及最佳實務。

步驟8：張貼告示：不准有能量吸血鬼

- 找出可能影響你的巴士旅程成功的負面
  團隊成員。
- 展開溝通，讓他們知道他們的心態消極
  負面。試著了解他們的這種負面心態是
  否有合理的理由，研判什麼做法將能引
  領個人及團隊成功。鼓勵他們帶著正能
  量搭上巴士，給他們一個機會成功。
- 如果他們一直未能作出改變，繼續展現
  負面心態，那就別無選擇，必須讓他們
  下車。

步驟9：通過逆境與路坑

每個團隊都將遭遇逆境、挑戰與困難，你的團隊也不例外。每個團隊都會遭遇考驗，但是優秀的團隊不會讓爆胎阻撓自己抵達目的地。

遭遇挑戰、挫折或逆境時，請思考下列這些問題：

- 我們能從挑戰當中學到什麼？
- 這個問題教了我們什麼？
- 我們如何從逆境中成長？
- 這項挑戰為我們的團隊帶來什麼機會？

以你們遭遇到的挑戰作為基礎，用這些挑戰來為邁向成功鋪路。

步驟10：愛你的乘客

在開著巴士朝往你們的願景與目的前進的旅程中，讓你的駕駛同伴和乘客們知道你關愛他們。

請思考下列這些問題：

- 我可以如何肯定他們的付出？
- 我可以如何對他們投入有價值的時間？

- 我可以如何更好地傾聽他們的想法？
- 我能夠如何照顧他們，幫助他們成長？
- 我可以如何幫助他們拿出最佳的表現？我可以如何激發他們發揮長處，幫助提升他們自己和整個團隊？

步驟 11：玩得開心，享受旅程

- 謹記，每一趟巴士旅程都應該愉快有趣。
- 不必把旅程搞得困難又痛苦。
- 經常問你的團隊：我們可以如何變得更成功，並且在過程中享受更多的樂趣？
- 不時問你的團隊：我們可以如何在工作中注入更多的樂趣？
- 提醒你自己和你的團隊，每趟旅程的目標應該是帶著微笑抵達你們的目的地。重要的不只是目的地，還有這一路上你們變成了一支團隊。

記得：你只有一趟人生之旅，因此全力以赴，好好享受你的旅程。

謝辭

我由衷相信，沒有人能夠獨自創造成功，每個人都需要一個正面積極的團隊，身邊有支持的人。我很慶幸，我的巴士和人生旅程中有很棒的人。

首先，我必須感謝我的家庭巴士司機——我的太太凱薩琳（Kathryn）。妳是維繫我們的黏著劑，妳的支持攸關至要。沒有妳，成就不了現今的我。感謝我的孩子潔德（Jade）及柯爾（Cole），你們提醒我什麼是最重要的。每一天，你們使我想要成為一個更好的父親。我每天特別喜愛的時光，就是在睡前詢問有關於你們的成功。我愛你們。

非常感謝我的父母，你們總是在我的巴士上路時為我歡呼喝采，在我的人生旅程的每一里路對我提供支持與愛。

感謝我哥哥總是挑戰我，幫助我改善這本

書。你的見解、建議及鼓勵幫助這本書達到盡可能的最佳境界。我期待有朝一日在書店裡，看到你的著作和我的著作並排。在此，也要特別感謝我的祖父艾迪（Eddy），89歲的他鼓勵我要活得朝氣蓬勃、有樂趣，享受人生之旅。

感謝我的能量長 Daniel Decker，你不僅是我的事業夥伴，也是幫助身為領導者及個人的我持續成長的忠實友人。我感謝你對我們的使命注入的每一盎司能量，感謝上帝讓我們搭上同一輛巴士。

感謝我的朋友與經紀人 Arielle Ford 和 Brian Hilliard，你們為我的著述工作鋪路，我永遠感謝你們。你們幫助開啟門徑，讓我的巴士得以暢行，由衷感謝你們對我的信心。

感謝 Kate Lindsay、Shannon Vargo、Matt Holt，以及 John Wiley & Sons 出版公司的優異團隊。感謝你們看到了我的願景的前景，並且賦予實現的機會。

感謝我的團隊的其他成員，不僅為我們的巴士之旅提供燃料，每當巴士故障時，他們還會下去幫忙推車：Francis Ablola，感謝你的所

有努力和創建網站；Shawn O'Shell，感謝你的優異才能與設計；Vince Bagni 和 Jim Careccia，感謝你們持續散發能量；Susan，感謝妳和其他人分享的禮物。

感謝我所有的客戶，讓我能夠和你們的公司、組織、團隊與夥伴共事。我感恩每一天都能夠和這麼多很棒的人共事。

感謝 Ken Blanchard、Danny Gans、Pat Williams、Dwight Cooper、Fran Charles、Linda Sherrer、Tom Gegax、Mac Anderson，以及所有閱讀和支持本書的人。

感謝我的電子報的所有訂閱者和我的書籍讀者，你們和我分享了你們的人生故事、內心想法、痛苦、勝利。你們信賴我，讓我成為你們生活與成長的一部分，我對此感到無比榮幸。我們全都是老師兼學生，我從你們的身上學到很多。

最重要的是，感謝上帝。感謝祢的指示為我指引道路，感謝祢賜予耶和華。撰寫這本書的時候，祢的聖靈流經我心。祢賜予我力量，祢是我的能量巴士的終極司機。

$\mathcal{S}tar$ 星出版 財經商管 Biz 028

能量巴士
10條法則全方位啟動人生、工作和團隊的正能量

The Energy Bus
10 Rules to Fuel Your Life, Work, and Team with Positive Energy

作者 —— 強・高登 Jon Gordon
譯者 —— 李芳齡
總編輯 —— 邱慧菁
特約編輯 —— 吳依亭
校對 —— 李蓓蓓
封面完稿 —— 李岱玲
內頁排版 —— 立全電腦印前排版有限公司

出版 —— 星出版／遠足文化事業股份有限公司
發行 —— 遠足文化事業股份有限公司（讀書共和國出版集團）
    231 新北市新店區民權路 108 之 4 號 8 樓
    電話：886-2-2218-1417
    傳真：886-2-8667-1065
    email: service@bookrep.com.tw
    郵撥帳號：19504465 遠足文化事業股份有限公司
    客服專線 0800221029
法律顧問 —— 華洋國際專利商標事務所 蘇文生律師
統包廠 —— 東豪印刷事業有限公司

出版日期 —— 2025 年 1 月 16 日第一版第二次印行
定價 —— 新台幣 420 元
書號 —— 2BBZ0028
ISBN —— 978-626-98713-8-4

著作權所有　侵害必究

星出版讀者服務信箱 —— starpublishing@bookrep.com.tw
讀書共和國網路書店 —— www.bookrep.com.tw
讀書共和國客服信箱 —— service@bookrep.com.tw
歡迎團體訂購，另有優惠，請洽業務部：886-2-22181417 ext. 1132 或 1520

本書如有缺頁、破損、裝訂錯誤，請寄回更換。
本書僅代表作者言論，不代表星出版／讀書共和國出版集團立場與意見，文責由作者自行承擔。

國家圖書館出版品預行編目（CIP）資料

能量巴士：10條法則全方位啟動人生、工作和團隊的正能
強．高登 Jon Gordon 著；李芳齡 譯 – 第一版 – 新北市：星出
遠足文化事業股份有限公司, 2024.12
256 面；13x19公分 . –（財經商管；Biz 028）.
譯自：The Energy Bus: 10 Rules to Fuel Your Life, Work, and Team
with Positive Energy
ISBN 978-626-98713-8-4（平裝）

1.CST：職場成功法 2.CST：組織管理 3.CST：團隊精神
4.CST：激勵 5.CST：動機

494.35　　　　　　　　　　　　　　　　　　1130

新觀點
新思維
新眼界